养殖致富攻略·疑难问题精解

鸡病防控140问

JIBING FANGKONG 140 WEN

张素辉　周　雪　许国洋　主编

中国农业出版社
北　京

本书有关用药的声明

随着兽医科学研究的发展、临床经验的积累及知识的不断更新，治疗方法及用药也必须或有必要做相应的调整。建议读者在使用每一种药物之前，参阅厂家提供的产品说明书以确认推荐的药物用量、用药方法、所需用药的时间及禁忌等，并遵守用药安全注意事项。执业兽医有责任根据经验和对患病动物的了解决定用药量及选择最佳治疗方案。出版社和作者对动物治疗中所发生的损失或损害，不承担任何责任。

中国农业出版社

编 委 会

主　　编：张素辉　周　雪　许国洋

副 主 编：王可甜　邱进杰　陈　诚　邓　余

编写人员（按姓名笔画排序）：

王天波　王可甜　王孝友　王雪玫
邓　余　龙小飞　付利芝　白　雪
伍　涛　许国洋　李　龙　李成洪
李　芳　李　静　杨　柳　杨　睿
邱进杰　沈克飞　张邑帆　张素辉
陈　诚　陈春林　陈朝红　周　雪
周淑兰　郑　华　徐登峰　曹国文
翟少钦

通过多年努力，危害养鸡业的主要传染病在一定范围内得到了有效控制，这有力地推动了我国养鸡业的迅速发展。但目前在全国范围内仍有一些家禽传染病、寄生虫病、慢性呼吸道疾病威胁着养鸡业的发展，成为养鸡场（户）获取效益的障碍。随着对外开放的不断深入，鸡产品贸易与种鸡引进较为频繁，我国尚未发生的一些鸡易感的传染病可能会随之而入，因此对鸡病防控不可掉以轻心。如果能及时地对鸡病做出正确的诊断，并采取行之有效的防治措施，则能避免其发生和尽可能减少经济损失。为了满足广大养鸡专业场（户）及基层临床兽医工作者的需要，我们组织专家针对养鸡生产中常见、多发疾病防治及其相关问题，编写出版了本书。

本书对鸡常见疾病的发生、临床表现、临床诊断、防治措施以及药物使用知识、综合防疫技术等通过问答形式进行了系统阐述，是一本对于广大养鸡户、养鸡场管理人员与职工、基层兽医技术人员及大专院校畜牧兽医专业学生都很适用的工具书和参考书。本书针对性、实用性和可操作性强，叙述简洁，通俗易懂，易于应用，便于操作。

重庆市武隆区畜牧兽医局龙小飞、陈朝红、李龙及重庆市大足区畜牧兽医局李芳、王雪玫、白雪和彭水苗族土家族自治县畜牧技术推广站王天波为本书提供部分临床资料，在此致以深切的谢意！

限于作者水平，书中不妥之处恳请读者批评指正。

编　者

2019年6月

目录
CONTENTS

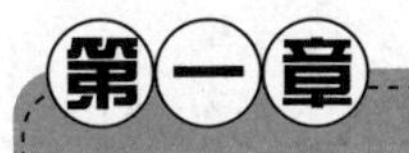

第一章 鸡病防控基础知识

1 鸡场场址选择与鸡病发生有关系吗？

建立一个鸡场，首先要考虑选址问题，而选址，又必须根据鸡场的饲养规模和饲养种类（饲养商品肉鸡、商品蛋鸡还是种鸡等）而定。正确的选址可以方便鸡群的管理和减少疫病的发生，关系到养鸡的成败和效益。所以，选址的正确与否，是养鸡成功的第一步。

鸡场场址选择要考虑综合性因素，如面积、地势、土壤、朝向、交通、水源、电源、防疫条件、自然灾害及经济环境等。要选择地势高燥而平坦，阳光充足，通风、排水良好，有利于鸡舍内、外环境控制的场地。选址时还应注意当地的气候条件变化，不能建在昼夜温差过大的山尖或通风不良、潮湿的山谷低洼地区，以半山腰区为理想选择。

2 鸡的生物学特性有哪些？

鸡作为禽类的一员有其固有的生物学特性，这些生物学特性是我们进行科学化饲养和管理的理论依据。其生物学特性主要有以下几点：

（1）体温高、代谢旺盛　鸡的标准体温为41.5℃，每分钟心跳，雏鸡为350～450次，成鸡为250～300次。鸡的基础代谢相对于其体重而言远高于其他动物，安静时的耗氧量与排出二氧化碳的量也高出1倍以上。根据这一特征给鸡创造良好的环境条件，给予充分的饲料营养，鸡就能产出更多的蛋、肉产品。例如，1只蛋鸡年可产蛋15～17千克，为其体重的10倍。

（2）消化道短，粗纤维消化率低，饲料利用率低　鸡的消化道短，仅为其体长的6倍；而牛为20倍，猪为14倍。因此，饲料通过鸡消化道较快，消化吸收不完全。鸡的消化道内没有分解纤维素的酶，所以鸡对粗纤维消化率比其他家畜低得多，鸡的日粮必须以精料为主。另外，鸡口腔无牙齿，不能咀嚼食物。腺胃分泌胃液，消化功能主要是在肌胃中进行，靠肌胃胃壁肌肉把食物磨碎来加强消化。如在饲料中添加适量砂粒会帮助肌胃磨碎饲料，提高饲料利用率。

（3）繁殖能力强　母鸡的卵巢仅左侧发育，机能正常，可产生高达1 200个卵泡。高产鸡年产蛋达300枚以上，这些蛋经过孵化如果有70%成为小鸡，则每只母鸡1年可以获得200只混合雏。公鸡的繁殖性能也很突出，一只健壮的公鸡每天可交配10～15只母鸡。有时日交配可达40次以上，并仍可获得很高的种蛋受精率。公鸡精子适应性强，存活时间长，在母鸡输卵管内可以存活5～10天，最长甚至可达到24天。

（4）产品营养价值高，对饲料营养要求高　鸡蛋的生理效价居于各种畜禽食品蛋白质的首位。一个蛋含有一个新生命所需要的一切物质，其中蛋白质占12%，脂肪占11%，碳水化合物占1%，矿物质占11%，此外还含多种维生素。每千克鸡肉中约含9.37兆焦的热能。鸡蛋和鸡肉中含有人体必需的各种氨基酸，且组成比例非常均衡。由于鸡产品营养价值高，而产品需要由饲料转化而来，因此在规模化养殖中必须给鸡提供易消化、营养全面的配合全价饲料。

（5）对环境变化敏感　突如其来的噪声易使鸡受到惊吓、惊恐不安、乱飞乱叫。鸡的视觉很灵敏，鸡舍进来陌生人可以引起炸群。另外，光照制度和饲喂制度的突然改变，同样会影响鸡的生长发育和产蛋。此外，环境温度、湿度和空气中的有害气体也会影响鸡的健康状况和产蛋性能。因此，要对鸡舍的噪声、温度、湿度、空气和光照等加以控制。

（6）抗病能力差　鸡没有淋巴结，这等于缺少阻止病原体在机体内通过的关卡。同时鸡的肺脏很小，连接着很多气囊，这些气囊充斥于体内各个部位，因此通过空气传播的病原体可以沿呼吸道进入肺和气囊，从而进入体腔、肌肉、骨骼之中。再者，鸡的生殖孔与排泄孔都开口于泄殖腔，产出的蛋经过泄殖腔容易受到污染。鸡没有横膈膜，腹腔的感染容易进入到胸部的器官，因此在同样条件下，与其他畜禽相比，鸡的抗病能力差，存活率低，尤其在工厂化高密度舍内饲养的情况下，对疾病的控制非常不利。根据以上特点，要求鸡场制定严格的卫生防疫措施，加强饲养管理，减少疾病的发生。

3 雏鸡的生理特点有哪些?

雏鸡的生理特点与成鸡有很大差别，因而必须根据雏鸡的生理特点来制定育雏期饲养管理的措施与疫病防控制度。

（1）雏鸡的体温调节机能尚未完善　初生雏鸡体温调节中枢的机能还不完善，体温又比成鸡低 1～3 ℃，刚出生时全身都是绒毛，缺乏抗寒和保温能力，既怕热又怕冷，随着日龄的增长，绒毛逐渐换成羽毛，保温能力逐渐增强，同时体温调节机能也逐渐完善。根据雏鸡这一生理特点，在育雏期要提供适宜的环境温度。一般第 1 周 35～33 ℃，第 2 周 33～31 ℃，第 3 周 31～28 ℃，第 4 周 28～24 ℃，以后逐渐降至室温。在具体执行时还要根据雏鸡对温度的反应情况和环境气候状况进行看鸡施温。

（2）雏鸡的生长发育快，代谢旺盛　雏鸡的前期生长非常快，以后随日龄的增长而逐渐减慢。由于雏鸡的生长快，其代谢旺盛，雏鸡羽毛生长更新速度快，在 4～5 周龄、7～8 周龄、12～13 周龄、18～20 周龄分别脱换1 次羽毛，所以在饲养上要满足其营养需要，喂以高能量、高蛋白的全价营养配合饲料。管理上既要保温更要注意通风换气。及时扩群，使每只鸡都有足够的活动空间和饮食设备，以利于雏鸡的生长发育。

（3）雏鸡消化吸收机能较弱　应提供易消化的饲料，坚持少喂勤添。雏鸡胃的容积小，进食量有限，肌胃研磨饲料的能力弱，消化道内又缺乏一些消化酶，其消化能力较差，根据这一特点在饲养管理上应做到少喂勤添，提供纤维含量低、易消化的饲料。

（4）雏鸡的抗病力差　幼雏对外界环境的适应性差，对各种疾病的抵抗力也相对较弱，稍不注意饲养和管理工作，就极易患病。另外原因与鸡体本身的构造及其生物学特性有一定的关系，如肺小，气囊多，没有淋巴结和横膈膜等。所以，在育雏阶段要严格控制环境卫生，切实做好防疫隔离。

（5）雏鸡比较敏感，胆小怕惊吓　雏鸡的生活环境一定要保持安静，避免噪音或突然的惊吓。非工作人员应避免进入育雏舍。

4 在接（运）雏鸡过程中应注意哪些问题？

多数养鸡户饲养的雏鸡大都靠外购，而雏鸡的接（运）过程对雏鸡及育雏的效果影响很大，并直接影响生产效益的高低。雏鸡的接（运）应注意以下问题：

（1）接雏时间　用户向种鸡场或孵化场预购雏鸡，一定要按照对方通知的接雏时间按时到达。为了保证雏鸡健康和正常的生长发育，在雏鸡绒毛干后尽早启程运输。早春运雏时间应安排在中午前后，夏季运雏应在早晨或傍晚凉爽时进行。

（2）包装物及垫料的准备　常用的雏鸡包装物有专用纸箱、塑料雏鸡箱、竹筐等。专用纸箱运雏鸡最为理想，它保温性好，形状规则，易于摆放，可用于各种交通工具的运输，一年四季均可采用。纸箱规格一般为60厘米×45厘米×18厘米，四周与箱盖开有通风口，箱内有隔板均分4小格，每格可容雏鸡20～25只。箱底铺草纸作为垫料。纸箱一般一次性使用，雏鸡入舍后应将空箱搬到舍外适当地方，集中处理。塑料雏鸡箱形状规格同纸箱，经清洗消毒后可反复使用。保温性不如纸箱，主要用于厂内周转及雏鸡的短途运输。竹筐一般为圆形，直径70厘米，高20厘米，四周有网眼通风，筐底可选用切短的干稻草或草纸作垫料。适于汽车、火车运输。竹筐成本低廉，经严格消毒后可重复使用；但因不分小格，雏鸡容易扎堆。

(3) 装运　雏鸡选好后均匀分装。分装密度要根据鸡种、气温、运输方式、路途远近综合考虑，原则上雏鸡体大、气温高、路途远时，分装密度应稀，反之可装密些。一般对于70厘米×20厘米的竹筐，气温在28℃以上时，每筐可装雏鸡70只，28℃以下时每筐可装90只。60厘米×45厘米×18厘米的纸箱，28℃以上时，每箱装80只，28℃以下时，每箱装100只。冬季每只箱子都加上箱盖，夏季一般不加箱盖或只给最上层雏鸡箱加盖。雏鸡箱在车上按纵向堆放，便于通气，同时要留通道以便观察和调箱。所有运雏工具在使用前都要进行严格消毒。

(4) 运输工具的选择　根据距离远近、交通条件及气候情况确定运输工具。若路程在1 000千米以内，首选空调客车，其运输量一般8 000～20 000只，也可用火车或普通货车。用普通货车运雏时，不管路途远近、时间长短，切忌用敞篷车运雏鸡，车辆必须装好篷布。孵化厂专门用于运送雏鸡的车辆可改装成固定的设有通风窗口的铁皮车厢，有条件的还可安装空调设备。少量的短途运输，可使用人力三轮车。走乡村土路时，车胎充气不要太满以减轻震动。一般情况下不提倡用飞机运输。因为，飞机运输一方面价格昂贵，另一方面雏鸡在装卸、运输过程中有时会受到暴晒、风吹雨淋的不良影响，飞机货仓内通风不畅等均会使雏鸡产生严重应激反应。如果路途太远只能用飞机运输时，要在起飞前2小时将雏鸡运抵机场，并事先通知客户航班信息，以做好接雏准备。

(5) 运输途中的管理　雏鸡在运输途中因管理不当，常出现受热、受凉、受挤压，甚至大量窒息致死，造成损失。运输雏鸡的关键在于保温和通风，冬季运输注重保温，夏季着重通风。在整个运输过程中，高温比低温所造成的危害要大，故应特别注意防止高温。长途运输过程中，如遇上堵车或中途停车时要特别注意观察雏鸡群，如雏鸡张嘴振翅、大声急叫，说明雏鸡过热，要立即打开车窗、拉起篷布，疏散雏箱，加强通风。冬季运雏应准备棉毯、毛毡等防寒覆盖物，尽量在天气较好的中午接运雏鸡。火车运输时雏鸡宜放在车厢两端。汽车运输要关好门窗、盖好篷布，同时也要注意通风，但不能让冷风直接吹到雏鸡身上。运输途中如发现雏鸡扎堆，发出尖叫声，说明温度过低，要进一步采取保温措施，加盖防寒物，且要定时检查，防止缺氧窒息。雏鸡箱放置应平稳，防止摆动甚至倒伏。途中要经常观察雏鸡箱是否歪斜、翻倒，小心驾车，启动、转弯时要慢，道路不平时要开慢、开稳，不要急刹车，以免因惯性将雏鸡挤成一堆，造成死亡。

5 雏鸡为什么要先饮水后开食？

初生雏鸡的第一次饮水称为开水，雏鸡入舍后即可开水。正常情况下，开水后就不能再断水，雏鸡所需要的饮水应接近体温；不可饮凉水，以免凉水刺激，体温骤降而发病，更不能断水，防止雏鸡发育受阻或脱水而死，对饮水质量应加以控制。雏鸡第一次喂料称为开食。雏鸡最好在出壳后 24 小时内饮水；经长途运输的雏鸡，初饮时间不宜超过 36 小时。开水后 3 小时内开食。有资料报道，雏鸡从出壳到开食的间隔时间是影响新生雏鸡发育的关键阶段。传统养鸡者总是人为地延迟开食时间，认为雏鸡体内残留的卵黄可作为新生雏鸡最好的养分来源。固然残留的卵黄可以维持雏鸡出壳后最初数天内的存活，但不能满足雏鸡体重的增长和胃肠道、心肺系统或免疫系统的最佳发育需要。此外，残留卵黄内的大分子包括免疫球蛋白，将这些母源抗体作为氨基酸来使用，也剥夺了新生雏鸡获得被动性抗病力的机会。因此，开食晚的雏鸡抵抗各种疾病能力很差，而且影响生长发育和成活率。初生雏鸡的饲养均要求先饮水后开食。

（1）先饮水是刚出壳雏鸡生理的需要　出壳后的雏鸡卵黄囊中还残留有部分卵黄没吸收完。这种卵黄中的营养物质，是供雏鸡卵生时必需的营养，卵黄营养吸收的快慢主要取决于是否有充足的饮水。因此，给刚出壳的雏鸡先饮水是生理上的需要，能有效地加快卵黄营养物质的吸收和利用，饮水愈早，利用的效果愈好。给雏鸡先饮水，更有利于清理胃肠、排出胎粪，促进雏鸡的代谢，能加快腹内卵黄的转化和吸收，更有利于雏鸡的生长发育。否则，雏鸡肚子里有卵黄没吸收，再急着喂料，反增加了胃肠的消化负担，对雏鸡不利。

（2）幼雏的消化机能弱　幼雏的消化道短小，消化力弱，机能不健全，对动物性营养（卵黄）不易消化，利用率低，残留在腹内的卵黄，消化吸收完全需 3～5 天，所以，出壳后的幼雏不宜喂得过早，即使开食也不宜喂得过多。因为，雏鸡贪吃，不知饥饱，解决的办法是定时、定质、定量饲喂，以免导致消化障碍。

6 怎样预防雏鸡早期死亡？

雏鸡早期抵御逆境的能力较差，育雏效果的好坏直接影响以后的生产效益。育雏管理中除严格进行疫苗接种外，还应注意保温、适时开食、严格消毒等，以减少雏鸡早期死亡。做好以下工作是预防雏鸡早期死亡的关键。

（1）温度要合适　雏鸡对温度比较敏感，温度过高，雏鸡容易发生中暑死亡；温度过低，容易挤压死亡。一般来说，进雏鸡前，育雏室距地面 1 米高度的温度要达到 33～35 ℃，维持 1 周，以后按每周 2～3 ℃递减，直到自然温度。

（2）及时饮水、适时开食　孵化出雏，一般从第一只鸡破壳到全部出壳需 48 小时，再加上注射马立克病疫苗、装车运输，部分雏鸡出壳时间超过 72 小时。此时，鸡群处于较为严重的脱水状态，因此要在进雏前准备好充足的盛有温白开水的饮水器，及时人为训练雏鸡喝水。饮水后 3 小时开食，结合 3 日龄内 24 小时光照，使雏鸡尽早恢复体力，保证营养摄入。

（3）密度要适宜　育雏密度过大，鸡舍内会产生较多有害气体，并会产生啄癖现象，一般平养时密度为每平方米 20 只，笼养时每平方米 40～50 只。

（4）光照要合理　光照可促进雏鸡的采食、饮水和活动，出壳后3日内应给予24小时的全天照明，以后每昼夜光照8小时。

（5）湿度要适当　出壳后10日龄内保持较高的湿度，以利于雏鸡羽毛生长及防止脱水，10日龄后湿度要稍低一些，以免诱发球虫病。

（6）控制鸡白痢　由于大多数种鸡场鸡白痢病得不到净化，因此，鸡白痢病成为雏鸡早期死亡的首要细菌性疾病。鸡白痢主要是由于孵化场种鸡垂直感染，多发生在7日龄以内，因此7日龄以内药物预防十分重要。一般可选用庆大霉素、卡那霉素、氧氟沙星、恩诺沙星等药物饮水或拌料。用药需要细心，用药量过大或药物在饲料中搅拌不匀会产生药物中毒，所以预防和治疗雏鸡疾病时，一定要按剂量饲喂，片剂类药要研成细粉均匀掺和在饲料和饮水中饲喂。

（7）严格消毒，谨防脐炎　脐炎又名卵黄囊炎，是引起幼雏早期死亡的最常见疾病之一。引起本病的原因是幼雏的脐带孔闭合不好，受大肠杆菌、沙门氏菌等感染。被感染的雏鸡，脐部潮湿发炎，腹部膨大，有难闻气味，多因毒血症死亡。由于雏鸡脐炎多是在孵化期间引起，所以孵化器具和种蛋的消毒尤为重要。种蛋的消毒多采用甲醛、高锰酸钾熏蒸法；孵化器具的消毒多采用彻底清洗、喷雾消毒和甲醛、高锰酸钾熏蒸并用的方法。

（8）看护要周密　对雏鸡要精心看护，以防雏鸡饿死、渴死、淹死、踏死、狗猫鼠咬死及中毒而死；还要注意观察雏鸡的精神状态及粪便情况，如有异常应立即采取积极的解决措施。

7 怎样提高育雏成活率？

鸡的育雏期是指从出壳到6周龄这一阶段。雏鸡具有代谢旺盛，生长快，敏感性强，绒毛稀少，体温调节能力差，消化机能弱，抗病力低等特点。上述特点决定了育雏期的饲养管理、卫生消毒和防疫工作十分重要。提高雏鸡成活率需要注意以下几项技术措施：

（1）做好育雏前的准备工作　进雏前，育雏舍要进行全面彻底消毒。先把地面和墙壁冲洗干净，然后用0.3%的强力消毒灵溶液、0.5%百毒杀溶液或3%烧碱热溶液进行喷洒消毒，彻底杀灭各种病毒和细菌。密闭较好的育雏舍，按每立方米空间用高锰酸钾20克，福尔马林40毫升的比例进行熏蒸消毒1小时，熏蒸时可将饲料槽、饮水器和其他用具放在育雏舍内同时消毒，消毒完毕后打开门窗让空气对流1天。严禁将未经消毒的用具搬入消毒后的育雏舍，以免再次污染。

（2）选择健康雏鸡　不论是本场孵化还是购买的雏鸡都要进行个体选择，选择的标准是：肛门干净，没有黄白色的稀粪黏着；脐带吸收良好，没有血痕存在；腹部收缩良好，不是大肚子鸡；喙、眼、腿、爪等不是畸形。凡是符合上述四条标准的就是健康雏鸡，其中一条不符合标准就不能选用。因为弱雏成活率低，生长速度慢，不宜饲养。

（3）确保合适的育雏温度和湿度　适宜的温度和湿度是育雏的关键。雏鸡的适宜温度是第一周33～35℃，以后每周降3℃，每日约降0.5℃。判断鸡舍内温度是否适宜，不能光凭舍内温度计，还应注意雏鸡的精神状态。当雏鸡较均匀地散布在网上觅食、舒适地伏卧于网上休息时，为较适宜的温度；当雏鸡挤堆、鸣叫不止，为温度偏低；雏鸡远离热源，频频饮水为温度过高。实践证明，保持适当的育雏温度，对控制雏鸡白痢、球虫病的发生，对促进卵黄囊的吸收利用，提高雏鸡成活率都有明显的效果。育雏舍的湿度要通过干湿度计来指示，过高过低均不适宜雏鸡的生长发育。比较理想的湿度是：第一周保持在60%～70%，第二周以后为55%～60%。如湿度过低，舍内灰尘、羽屑飞扬，雏鸡易患呼吸道病，羽毛发育不良；湿度过高时，有害气体增加，有利于病原微生物的生存和寄生虫卵的发育，雏鸡易患各种疾病。

（4）供给新鲜的空气　当鸡群密集饲养时，初期雏鸡生长发育迅速，排出的二氧化碳和粪便中的氨气使空气污浊，对雏鸡的发育不利，易诱发呼吸道疾病。为此，可将排气风机换成大、小两种通风量的风机，依照室内的温度和空气污浊的程度，控制排风量。既保证育雏舍的温度，又达到舍内外空气的流通。这样，雏鸡的呼吸道疾病的发病率将会明显下降。

（5）正确的光照制度　光照制度适当有利于雏鸡的采食饮水活动和健康成长。合理的光照，应从幼雏开始。出壳后3日内，雏鸡视力差，对环境又陌生。为便于雏鸡采食和饮水，光照要强些，时间需长些，每天以24小时为宜，随日龄增大，每日减少光照1小时，直到每天光照8小时。光照过强，可造成啄羽、啄肛等恶癖。

（6）雏鸡需要全价高蛋白饲料和合理的饲喂　雏鸡消化能力差，消化道短，生长迅速，1周后的体重，可达出壳时的2倍。因此，雏鸡饲料含粗蛋白质19%～20%方可满足正常发育需要。饲料中的代谢能量11.91兆焦/千克，钙磷比例、维生素、微量元素必须合乎标准。于前2周，每2小时喂1次；3周龄时，每3小时喂1次；以后逐渐换用料桶，自由采食。以少喂勤添，保证饲料新鲜为原则。

（7）严格的防疫和卫生消毒制度　目前，鸡的预防疫苗种类已多达几十种，各场可根据当地流行发病史，有选择地进行免疫；但对有些常见的和重大的传染病，则一定要免疫，如禽流感、新城疫等；具体免疫程序可参考有关资料。对雏鸡群坚持按时喷雾消毒，饮水器和饲料槽每两天洗刷消毒1次。进雏或转舍时要做到全进全出，育成一批，及时转舍，清除污物，彻底冲洗，再进行严格消毒，鸡舍空闲7～14天后方可使用。确实有效地消除病原微生物循环感染。

8 当前鸡病有什么流行特点？

近年来，随着养鸡业的快速发展，养殖水平不断提高，各种疾病也在不断的发生变化，给养鸡生产带来了新的威胁。常见鸡病分类如图1-1所示。当前鸡病的发生表现出以下新的流行特点：

（1）疫病传播速度加快　规模化养鸡最显著的特点是生产规模大和鸡只数量多，从而导致疫病在鸡群中传播流行的速度加快。

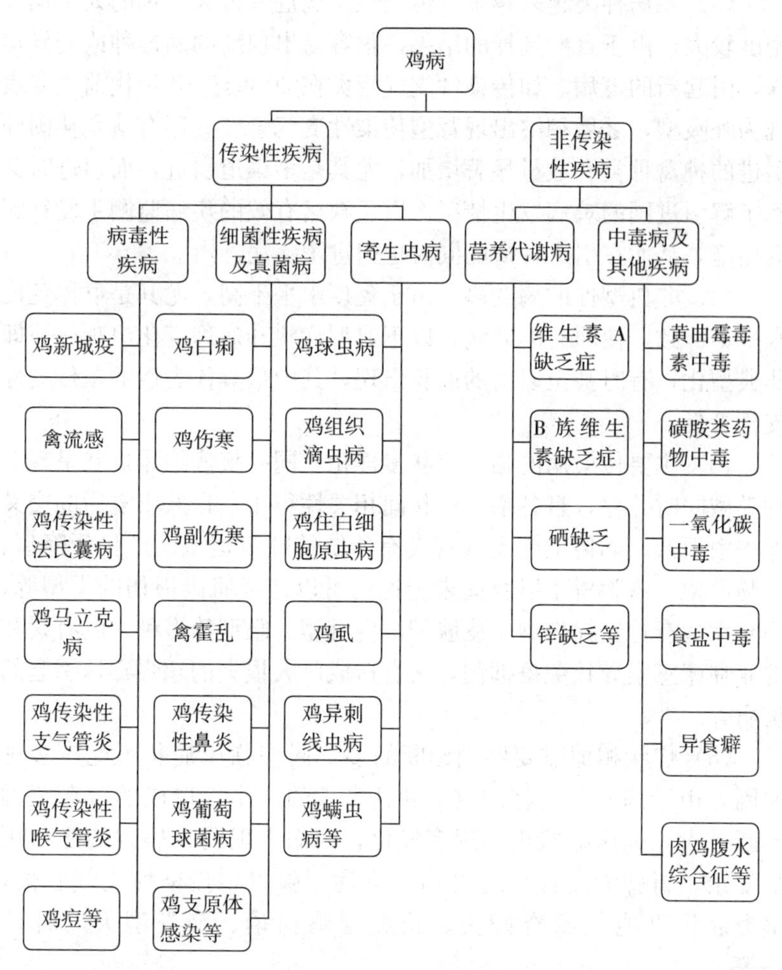

图 1-1 常见鸡病分类

（2）抗病力下降 在规模化养鸡场中，生产者为了充分发挥鸡的生产潜能，使鸡群始终处于高度紧张的生产状态，必将使鸡的应激因素增多，从而使得敏感鸡内分泌发生异常，抗病力下降，一些在散养条件下不易发生的疫病，如应激综合征等成为多发病。

（3）鸡病种类越来越多，传染性疾病危害最大　鸡的人工饲养密度较大，由于自然选择的结果，很容易出现新的病毒种或变异毒株，引起新的疫病。如传染性支气管炎在20世纪80年代前主要表现为呼吸型，之后相继出现肾型传染性支气管炎。还有就是从国外引进的种禽种类和数量显著增加，尤其是多渠道引进，而引进时又不了解引进国的鸡病发生情况，以及缺乏有效的疾病监测手段和配套措施，从而在引进种禽的同时也引进了疾病。

（4）非典型性的病变多　由于免疫水平不高，尤其是群体免疫水平不一致，使原有的老病常以不典型症状和病理变化出现——即非典型化，有时甚至以新的面貌出现，其中最具代表性的是传染性支气管炎。

（5）主要传染病的临床症状多样化　同一疾病临床症状呈现多种类型同时并存，且各临床症状间相关性很小，自然康复后的交叉保护率很低。如传染性支气管炎有传统的呼吸道型、产蛋下降型、嗜肠道型、嗜腺胃型以及尚未定论的可以造成肌肉损伤的类型等。马立克病有神经损伤型、皮肤型、内脏型、眼型等多种，既有缓和的亚临床感染导致免疫抑制，又有造成巨大损失的超强毒株引起的疾病等。

（6）症状相似需要鉴别诊断的多　同一临床症状可能有多种原因，由于病原血清型的改变和新毒株的产生，造成的侵袭范围不断扩大，临床症状也出现多样化，因而出现同一病因的症状更加复杂。胃肿大变性可能是马立克病、腺胃型传染性支气管炎；脑炎症状可能是脑脊髓炎、脑炎型鸡白痢、脑炎型大肠杆菌病等。

（7）混合感染增多，病情复杂，危害加大　在畜禽疫病流行过程中，经诊断，有50%以上的疾病都是混合感染或继发感染。实际生产中，混合感染的类型有病毒性和细菌性混合感染。细菌性混合感染，如鸡大肠杆菌病与沙门氏菌病混合感染。细菌病与寄生虫病混合感染，如鸡大肠杆菌病与球虫病混合感染。

（8）病原的抗药性严重　由于管理不善，使用药物不当等原因引起的营养代谢性疾病、药物中毒病、寄生虫病有所增加，病原的抗药性越来越突出，给鸡的细菌性疾病控制带来了新的难题。

由于以上原因导致疾病的诊断困难，治疗效果往往不理想，给基层的技术服务人员在鸡病诊断和治疗上提出了更高的要求。

9 产蛋鸡常发生哪些疾病？

最近几年，产蛋鸡发病严重，死亡率较高，给养殖业造成巨大的经济损失。产蛋鸡的发病按病因可以分为以下几种。

（1）细菌性疾病　大肠杆菌、支原体、副鸡嗜血杆菌、沙门氏菌等感染，均会引起产蛋率下降。此类病的一个共同特点是病程长、发展慢，由于疾病的发展逐步影响采食量，在鸡群中表现为产蛋率的持续缓慢下降。要预防这些疾病最关键的是平时做好鸡场卫生，注意气候变化。

（2）病毒性疾病　这类疾病的特点是鸡群产蛋率下降突然，且下降幅度在20%以上。经常见到的病毒性疾病有：

① 新城疫（ND）。该病多发生于180～350日龄产蛋高峰鸡群。2～4天后，采食量下降。采食量下降的同时出现产蛋波动和下降，产蛋率下降20%～40%不等。

② 产蛋下降综合征（EDS）。该病主要发生于24～36周龄的鸡群。鸡群产蛋量突然出现下降，下降幅度为20%左右，有的甚至超过40%；并产较多的软壳蛋、薄壳蛋，蛋的外表粗糙，常呈细颗粒状，如砂纸样。

③ 传染性支气管炎（IB）。鸡传染性支气管炎发生一般无前期症状，鸡突然出现呼吸道症状，并迅速传播全群。发病蛋鸡的产蛋量明显下降，产蛋率下降40%～60%不等，并产软壳蛋、畸形蛋，蛋壳粗糙。

④ 禽流感（AI）。该病多发生在250～400日龄的鸡群，主要发生于污染严重的地区或鸡场，发病后除产蛋量下降外，还表现有体温升高、精神沉郁、采食下降等方面。一般产蛋率下降50%～

70%。通常蛋壳发白。

针对病毒性疾病，最好的方法就是预防接种，接种要及时，免疫量要足，平时注意检测抗体水平，确保免疫质量。

（3）寄生虫病　引起产蛋率下降的寄生虫病主要有球虫病、白冠病、螨病。最常见的是球虫病，球虫病分布极广，发生普遍，表现精神不振，羽毛松乱，食欲减退，饮水增加，消瘦，贫血，粪呈棕红色或带血，严重时发生痉挛，昏迷死亡，可使蛋鸡产蛋率严重下降。

（4）营养障碍病　产蛋期母鸡代谢强度大，繁殖机能旺盛，因此在产蛋期尤其是高峰期，一定要给足营养，所用饲料营养要均衡。若长期饲喂含碳水化合物过高的高能日粮，同时饲料中缺乏蛋氨酸和胆碱，会造成肝内脂肪合成磷脂发生障碍，使大量中性脂肪在肝中沉积下来，造成脂肪肝，进而引起产蛋率下降。

10 肉鸡常发生哪些疾病？

肉鸡具有生长速度快，饲养周期短，见效益快的特点，越来越多的养殖户开始饲养。饲养户普遍采用的肉鸡饲养法是不限饲、昼夜给光，结果造成其生长中后期容易发生各种代谢性疾病，如腹水症、猝死症、维生素缺乏症、消化不良、腿病等。腹水综合征多发于4～7周龄的快速生长期，死亡率高；猝死症多见于3～6周龄，死亡率较高；缺硒病多见于5～6周龄，死亡率与是否得到及时治疗有关，如治疗及时，可控制在10%以内，如不及时治疗则死亡率可达到30%以上；维生素的缺乏以维生素B_2缺乏较多见，该病多发于生长前期，对鸡的生长发育影响较大，但死亡率不高；消化不良多见于饲养管理不当，如营养配合不当、温度不当、空气不适等。

肉鸡常见的传染病包括大肠杆菌病、沙门氏菌病、曲霉菌病、鸡球虫病、传染性法氏囊病、鸡新城疫、鸡传染性支气管炎、禽流感等。

11 鸡舍通风换气与疾病发生有何关系？

在保持鸡舍适宜温度的同时，良好的通风换气是极为重要的。鸡的生命活动离不开氧气，良好的通风可以排出舍内水汽、氨气、尘埃以及多余的热量，为鸡群提供充足的新鲜空气。充足的氧气能促进鸡的新陈代谢，保持鸡体健康，提高饲料转化率。通风不良，氨气浓度大时会给生产带来严重损失。

生产中，2 周龄、3 周龄、4 周龄时通风换气不良，有可能增加鸡群慢性呼吸道病和大肠杆菌病的发病率。许多养殖户，特别在鸡群 3 周龄时，因担心鸡感冒受凉而忽视了通风换气，造成了鸡舍内有害气体含量严重超标，大量的氨气、硫化氢等有害气体刺激并损伤鸡呼吸道上皮黏膜细胞，细菌病毒会乘机大量地繁殖，使鸡群发生传染病。

肉鸡生产的中后期管理应该以通风换气为重点，因为后期的肉鸡对氧气的需要量不断增加，同时排泄物增多，必须在维持适宜温度的基础上加大通风换气。由于肉鸡后期体重大、采食量大、排泄量也大，它们呼出的二氧化碳、散出的体热、排泄出的水分、舍内累积的鸡粪产生的氨气以及舍内空气中浮游的尘埃等，如果不能及时排除，舍内的生存环境就会越来越恶劣，不仅会严重影响肉鸡的生长速度，还会增加肉鸡的死亡率。此时，通风换气是维持舍内正常环境的主要手段。

通风时要掌握方法，要形成气体的流动，有害气体一般都比空气轻，都集中在鸡舍的上方，所以我们要根据这一特点而采取对流的方法进行通风换气。也就是开两侧窗口进入新鲜空气，有害气体从鸡舍上方通气口排出，而要避免贼风直接吹向鸡体，要在通风的同时增加舍温，只有改善了鸡舍环境才可以使鸡群少发病，提高养殖的经济效益。

12 夏季怎样防暑降温？

鸡对暑热应激反应比较敏感，当环境温度超过 28 ℃时，鸡就开始张口喘气，如果温度继续上升，鸡就会张开翅膀并加大喘息的频度和力度，进而引发体温调节中枢机能紊乱，导致生产性能下降、死亡率增加等严重问题。搞好防暑降温、减少热应激，是当前稳定种鸡生产、保证肉鸡正常生长的重要工作。为使鸡顺利度夏，应做好以下几个方面的工作。

（1）鸡舍建筑上要考虑有足够的隔热层，即冬暖夏凉。很多鸡舍顶部用塑料膜、塑料板作保温层或在鸡舍内顶部吊顶子等都是一种好办法。另外，进入夏季可对鸡舍屋顶、外墙进行刷白。有资料显示，屋顶涂白，可使舍温降低 2～3 ℃。白色涂料的配方是石灰 9.1 千克、水 9.1 升、聚酯乙烯 1 升；或用白色外墙涂料。也可以在鸡舍的屋面上覆盖一层 10～15 厘米厚的稻草或麦秸，洒上凉水，形成一层湿草帘，并保持长期湿润，阻止大量热量被吸入舍内。

（2）鸡场内道路两侧，鸡舍与鸡舍之间隔离带要大量植树（成行密植效果更好），树冠和树叶起到遮阳和降温作用。但须注意不要影响鸡舍进风及排污。

（3）加强通风散热，降低舍内温度。一般要求在高温时，舍内的风速要求达到 0.5～1 米/秒以上，这样可使舍内温度下降2～3 ℃。同时能很好地排出鸡舍内的有害气体，供给新鲜空气。加强舍内通风应注意：

① 加大鸡舍的通风口，增加排风机的数量，加大风机的功率。

② 调整鸡舍调流板，尽量让气流直吹鸡只头部。

③ 进风口处悬挂湿麻袋、稻草帘等，有条件的设置湿帘或循环帘。

④ 合理设计风机结构，最好使用负压纵向通风，风速高，无通风死角，以便得到良好的通风效果。并且在鸡舍末端的两侧侧墙上，分别安装 1～2 个风机，起到很好的辅助通风效果。

（4）夏季来临前，认真检查、维修、保养发电机、风机、轴承、皮带、扇叶等，保持状况良好，备好各种配件，同时还要制定相关的应急预案等措施。及时淘汰残、弱、寡产鸡，降低饲养密度，及时清除舍内杂物或长时间不用的物品。

（5）夏季在饲料中加1%～2%的植物油，鸡在消化饲料时，因能直接利用油脂可减少喂料量3%～5%，体增热也相应减少。另外，脂肪能够减缓饲料在胃肠道通过的速度，从而更有利于机体的吸收，因此就等于提高了饲料的利用率。

（6）炎热天气，每周补充两次电解质和复合维生素，以弥补因饮水过多而导致的矿物质损失和饲料因高温存放而导致的维生素损失。或在饮水中加0.1%～0.2%碳酸氢钠和0.1%～0.2%的氯化钾，有利于缓解热应激。

（7）夏季改为产蛋后喂料或中午喂料，可提高鸡的防暑能力。由于饲料在体内的消化代谢过程中产生热量，如果在上午喂料，鸡只因消化产热与环境温度的升高正好同步。内热与外热相加使鸡的防暑能力下降。而饥饿状态下鸡只的代谢产热要少70%。

在不同年份的酷暑季节，热应激对鸡生产的影响程度也不同，对此应当做好充分的思想和物质准备，尤其是现代化鸡场在鸡舍建筑结构和通风方式上，要认真考虑当地气候条件，不要心存侥幸，否则，会造成不必要或惨重的损失。

13 暑夏怎样用药物预防鸡热应激？

鸡的热应激，也叫鸡的中暑症。由于鸡没有汗腺，有比较高的深部体温，其全身被覆羽毛，能产生非常好的隔热效果，主要靠呼吸系统散热和调节体温。如果外界环境温度、湿度过高，饮水不足，特别是通风不良等，鸡体散热困难，就很容易发生热应激，导致鸡体内新陈代谢和生理机能紊乱，进而影响鸡的健康，甚至造成窒息死亡，给养鸡生产带来一定的经济损失。

（1）热应激对鸡的危害

① 对鸡的生理机能产生重大影响。如呼吸频率加快而发生呼吸性碱中毒；对维生素的需要量大幅度增加，易导致维生素缺乏症；导致机体内分泌功能失调，抑制鸡的新陈代谢机能；免疫力下降，发病率增高等。

② 影响鸡的生产性能。如肉仔鸡生长增重减慢或停止生长，种鸡产蛋率、入孵率、受精率等生产性能下降等。

③ 增加鸡群的死淘率，加大了经济损失。如热应激反应过重或高温持续不退，鸡体会发生过热衰竭或窒息死亡，从而增加鸡群的死淘率，给养鸡生产带来一定的经济损失。

（2）正确选用抗热应激药物

① 在高温季节来临后，除做好鸡舍喷雾、通风及调整饲料、改变饲喂方式外，还应将饮水中的小苏打和饲料中的杆菌肽锌用量加倍，即小苏打用量为0.2%～0.6%，杆菌肽锌用量为0.08%～0.1%，多维用量为平时用量的2.5～3倍。

② 在特别高热期间或一天中最热的时候（通常为上午11：00～下午4：00），可在饮水中轮换添加使用小苏打和氯化铵，可明显减轻因呼吸过快而发生的呼吸性碱中毒（注意：在热应激的禽日粮中加入小苏打有增加禽碱中毒的可能，而添加氯化铵又有增加禽酸中毒的可能，因此要注意平衡）。饲料中可再添加维生素C、维生素E、延胡索酸等热应激缓解剂，都可起到较好的抗热应激效果。

③ 还可使用一些中草药方剂来缓解或治疗热应激：如消暑散，由藿香、金银花、板蓝根、苍术、龙胆草等混合碾末，按1%比例添加到饲料中；白香散，由白扁豆、香薷、藿香、滑石、甘草等混合磨粉，按1%～2%比例拌料饲喂。以上方剂均具有清热解暑、解毒化湿等作用。

④ 对于已发生中暑的鸡只，可将其浸于凉水中，或凉水浸后用电风扇吹，靠水的蒸发带走热量，降低体温。或立即将鸡转移到阴凉通风处，并在鸡冠、翅部位扎针放血，同时滴喂十滴水1～2滴，或喂给仁丹4～5粒。

14 饲料营养与疾病发生有关系吗？

在养鸡生产中，时常有因为饲料营养缺乏或过剩而引起疾病的事例发生。鸡所需的各种营养物质如蛋白质、脂肪、维生素A、B族维生素、维生素C、维生素D、维生素E、维生素K和常量或微量元素如钙、磷、钾、钠、氯、碘、锰、锌、铜、铁、硒、钴等在饲料中含量必须适宜，如含量不足将会影响鸡的生长发育和繁殖性能，含量过高不仅浪费了原料，增加了养鸡的成本，而且有可能导致中毒。与营养相关的疾病主要表现在：

（1）营养摄入不足　饲料配比不合理，维生素、微量元素或蛋白质含量不足；长时间投料不足，家禽采食不到需要量的营养元素。

（2）营养消耗过多　家禽在生长旺盛期和生殖高峰期，蛋白质和钙的需要量明显增加，若不及时增加饲料配方中蛋白质和钙的含量，就会导致相应的营养缺乏症。

（3）物质代谢失调　家禽体内营养物质间的关系十分复杂，除了各营养物质独特的作用外，还可以通过转化、协同、颉颃等作用，相互调节，维持平衡。如钙、磷、镁的吸收，必须有维生素D参与，缺少了维生素D，即使饲料中不缺乏钙、磷、镁，机体内也会因难以吸收、转化而造成无机盐缺乏；钙、磷之间相互制约，磷过少，钙就难以沉积；若饲料中钙过多，就会影响铜、锰、锌、镁的吸收和利用。

（4）营养搭配不合理　用大量的动物内脏、肉屑、鱼粉、豌豆等富含蛋白质和核蛋白的饲料饲喂家禽，代谢产生过多的尿酸盐会沉积在内脏器官，引起痛风症；长期饲喂高能量饲料，能量摄入过多，导致脂肪在肝脏内沉积过多，会引起产蛋鸡脂肪肝综合征；青年鸡脂肪沉积过多，会引起脂肪肝肾综合征。

养殖户要高度重视饲料营养与疾病发生的关系，了解不同的品种、生长阶段和季节，鸡群对各种营养成分的需求不同，根据鸡群生长发育和生产性能合理选用全价饲料或配制日粮，并根据具体情况加以调整，以确保鸡群获得全面、充足的营养，满足鸡体生长发育、产蛋或长肉及维持良好的免疫机能所需要的营养。

15 怎样合理换料才能避免发生应激？

在规模养鸡中，根据不同季节、不同日龄给鸡科学换料，不但让鸡生长快，还可增加鸡体内的营养物质储备。很多养鸡场突然换料，缺乏科学的过渡，造成换料之后7～14天鸡的生长缓慢，体重偏离标准。正确的换料方法应采用过渡性换料法，即将待换料先加30%，再加到50%和70%，之后完全换成待换料。

16 家禽为什么不宜混养？

近来在谈到防治高致病性禽流感时，很多专家都提到养禽场不要鸡、鸭、鹅等家禽混养，也不宜与猪混养，这里的不混养是指在同一个养禽场不要同时饲养几种禽类或者在禽场养猪。首先，因为家禽混养不利于养禽场安排防疫计划；其次，有些疫病本来主要只发生于某种家禽，但在一定的条件下其他家禽类也可以感染发病，如鸡的新城疫，有时鸭、鹅、鸽等家禽也会发生；另外，有些疫病是许多禽类共患的，一旦某种家禽先染病，会很快引起其他禽类发病，如禽霍乱、大肠杆菌病及禽流感等。

如禽流感病毒可以感染鸡、鸭、鹅等多种家禽和野禽。特别是水禽在与外界水源接触过程中很容易感染禽流感病毒，而且有的不表现任何临床症状，因此水禽中各种亚型的流感病毒的携带率很高，其排泄的粪便中含有大量病毒，可以感染鸡或其他家禽，能造成禽流感的发生与流行，从而导致严重的经济损失。因此，养鸡场更不宜饲养鸭、鹅等水禽。

17 为什么公鸡与母鸡要分群饲养？

肉鸡规模化养殖过程中，常根据肉鸡公母的生理特点分群饲养（彩图1，彩图2），该方式可省料，使经济效益提高5%～10%。这是因为：

（1）公母鸡生长速度不同　公鸡生长快，4周龄、6周龄、8周龄时体重分别比母鸡高13%、20%、27%；如公母混养，体重差别较大，食槽、水槽高低要求不同，往往顾此失彼，弱小母鸡的饮食受到很大影响。

（2）公、母鸡遗传性能不同　母鸡在 7 周龄后，生长速度相对下降，每千克增重耗料量急剧增加，7 周龄出售，饲料效率高，经济合算。公鸡在 9 周龄后生长速度才下降，故公鸡 9 周龄出售效益最佳。

（3）公、母鸡对环境要求不同　前期公鸡要求温度比母鸡高，后期比母鸡低。由于公鸡体重比母鸡相对大些，因此胸囊肿发病率较高，要求垫料松散和适当加厚。

（4）公、母鸡的营养需要有差异　公鸡沉积脂肪能力比母鸡差，但公鸡能更有效地利用蛋白质。前期公鸡饲料中蛋白质可到25％，而母鸡 21％～23％即可。添加赖氨酸可使公鸡的生长速度和饲料利用率明显提高，而对母鸡生长影响小。

18 养鸡为什么要实行“全进全出制”？

所谓“全进全出制”就是同一栋舍内只进同一批鸡雏，饲养同一品种同一日龄鸡，采用统一的饲料，统一的免疫程序、药物预防、带鸡消毒、环境消毒和管理措施，并且同时全部出场。出场后对整体环境实行彻底清扫、清洗、消毒。由于在鸡场内不存在不同日龄、不同批次鸡群的交叉感染机会，切断了传染病的流行环节，从而保证了下一批鸡的持续安全生产。

全进全出制是保证鸡群健康、根除传染病的根本措施，也是对肉鸡生产进行统一管理的重要组成部分。实践证明，在饲养管理相同的情况下，实行全进全出制要比不实行该制度的鸡场的鸡增重速度增加 9％～15％，料肉比降低 10％～14％，死亡率降低 8％～12％，大大降低了生产成本，提高了经济效益。

19 鸡场的疾病防控模式是什么？

在当前鸡病复杂，很多企业（农户）受鸡病困扰的现状下，“人＋鸡”有机结合的防控模式为综合抵御疾病感染的重要手段之一。该疾病防控模式的方法为：以免疫为主，辅助隔离、消毒和环境卫生。在科学合理免疫鸡只的基础上，辅以人为创造的优良环境，如隔离、消毒、环境卫生等措施，减少、控制环境中的病原含量，通过鸡舍环境控制和鸡只均匀有效抗体的有机结合，增强鸡群综合抵抗疾病感染的能力，是目前最有效、最实用的疾病防控策略。如何做到“人+鸡”的有机结合？

(1) 首先，“鸡”是主体，核心是产生均匀有效的抗体水平。重点是为其提供优良的饲养环境（图1-2)、全面均衡营养的条件下，保证鸡只体质健康、体重达标，能产生良好的免疫应答。

图1-2 饲养环境

(2) 其次，“人”要提供各种优良条件，保证鸡群健康，主要包括如下内容：

① 投入40%的精力做好鸡群免疫。通过对免疫程序、疫苗选择、免疫操作、免疫人员等环节的控制，使鸡只产生均匀有效的抗体水平（图1-3)。

② 投入30%的精力做好环境控制，通过采取隔离（图1-4)、消毒（图1-5)、环境卫生等措施，防止、减少病原进入鸡舍感染鸡只，确保鸡只度过免疫空白期；或延缓疾病的发生，为特异性疫苗免疫产生有效抗体赢得时间。

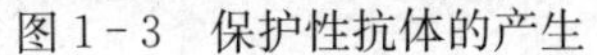
图1-3 保护性抗体的产生

图1-4 隔 离

图1-5 消 毒

③投入20%的精力做好抗体与微生物检测（图1-6）。抗体方面，对新城疫、禽流感、传染性法氏囊病、产蛋下降综合征等疾病开展常规检测；以掌握鸡群抗体变化规律，确定最佳免疫时间，避免盲目免疫；并检查疫苗免疫效果，防止免疫失败。环境方面，对鸡舍内外环境中空气、地面、饲养设备、饲料和饮水等进行微生物检测；了解环境污染程度，“有的放矢”采取措施；还能科学评估

图1-6 抗体与微生物的实验室检测

隔离饲养、环境卫生与消毒的效果。

④ 投入10%的精力做好药物的预防和治疗。在可预见的应激来临之前，通过及时添加药物，预防条件性疾病发生；选择敏感药物治疗疾病。

在人为提供的确保鸡群健康的四个方面，建立以均匀有效抗体为核心、以环境控制为基础、以抗体检测为保障、以药物预防为辅助的疾病防控模式（图1－7），确保实现鸡群的高产、稳产。

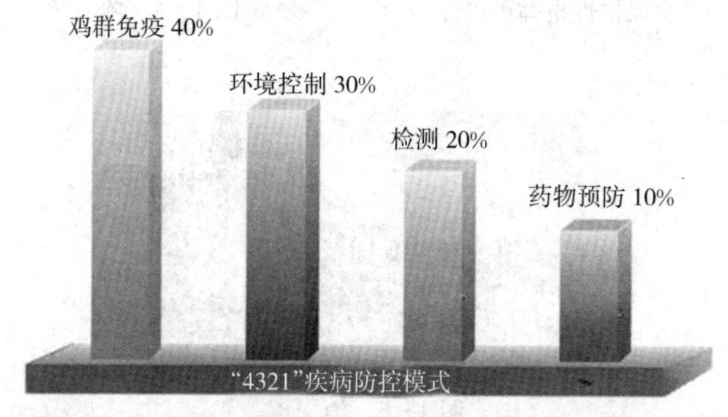

图1－7　“4321”疾病防控模式

20 鸡场为什么要定期进行消毒？

所谓“定期消毒”是指根据气候特点、本场生产实际，对栏舍、舍内空气、鸡群、饲料、饮水、饲料仓库、道路、周围环境、消毒池等制订具体的消毒程序，并且在规定的日期进行消毒。例如，每周1次带鸡消毒，安排在每周三下午；周围环境每月消毒1次，安排在每月初的某一晴天等。

由于鸡群的不断补充和流动，人员、运输工具的迁移，饲养原材料的输入，空气、水流、畜禽排泄物等对养殖场环境的污染，养鸡场实行定期的严格消毒制度是预防和控制传染病发生、传播和蔓延的最好方法。只有制定和采取一整套严密的定期消毒措施，才能有效地消灭散播于环境、鸡体表面及饲养工具上的病原体，保证饲养的鸡群健康成长。

21 鸡场常用消毒方法有哪几种?

消毒是指用物理或化学等方法杀灭病原微生物或使其失去活性。做好鸡场的卫生和消毒工作，是有效控制和消灭病原微生物，防制疾病发生的重要措施。消毒方法主要有物理消毒法、化学消毒法、生物消毒法三大类。

（1）物理消毒法

① 清扫、冲洗、通风、干燥。使用这些方法可以清除鸡舍及环境中存在的粪便、垫料、设备和用具上的大多数病原微生物，是一切消毒措施和程序的基础。

② 紫外线照射。紫外线能使微生物机体细胞的核损伤或核酸破坏，从而达到杀死病原微生物的作用。包括紫外线灯的照射、太阳暴晒。

③ 高温。使用火焰进行烧灼和烘烤，是一种简单有效的消毒方法。鸡舍地面、金属笼具、砖墙等可以用火焰喷射，从专用的火焰喷射消毒器中喷出的火焰具有很高的温度，能有效杀死病原微生物。

对各种金属物品、用具、玻璃器具、衣物等可进行煮沸消毒，其中可加入少许碱，如苏打或肥皂等，以促使蛋白质、脂肪的溶解，防止金属生锈，提高沸点，增强消毒效果。也可以用烘箱干热消毒、高压蒸汽湿热消毒的方法进行。

（2）化学消毒法　利用化学消毒药影响病原微生物的化学组成、形态、生理活动从而达到抑菌和杀菌的目的。

① 喷雾法或泼洒法。将消毒药配制成一定浓度的溶液，用喷雾器对需要消毒的地方进行喷雾消毒，或直接将消毒药泼洒到需要消毒的地方，如带鸡喷雾消毒。

② 擦拭法。用布块浸沾消毒药液，擦拭被消毒的物体，如对笼具的擦拭消毒。

③ 浸泡法。将被消毒的物品浸泡于消毒药液内，如种蛋、食槽、生产工具的消毒。

④ 熏蒸法。常用的有福尔马林配合高锰酸钾对密闭的鸡舍、孵化机进行熏蒸消毒。

⑤ 饮水法等。

(3) 生物消毒法　对生产中产生的大量粪便、污水、垃圾及杂草进行发酵，利用发酵过程所产生热量杀灭其中的病原微生物。发酵可产生 70 ℃以上的温度，能杀灭无芽孢菌、寄生虫卵、病毒等。在场区内适度种植花草树木，也具有减少生产环境中病原微生物数量的作用。

22 鸡场常用的消毒药有哪些？应用时需注意哪些原则？

当前我国的养殖是散养户和规模鸡场、农户鸡场并存，鸡传染病越来越多，而许多养殖户不注重消毒和环境卫生的控制，使养殖环境越来越差，养殖效益大打折扣。所以，目前养殖场的消毒管理意识亟待加强。

(1) 鸡场常用的消毒药及其应用（表 1－1）

① 饮水用消毒剂。饮水消毒要求所用消毒药物对鸡只的肠道无腐蚀和刺激，一般常选用的药物为卤素类，常用的有次氯酸钠、漂白粉、二氯异氰尿酸钠、二氧化氯等。有关资料介绍对雏鸡采用低浓度的高锰酸钾饮水，可清理小肠肠道。

② 喷雾用消毒剂。喷雾消毒分两种情况，一种是带鸡喷雾消毒，选择对鸡的生长发育无害而又能杀灭病原微生物的消毒药，如双链季铵盐—碘消毒液、聚维酮碘、过氧乙酸、二氧化氯等；另一种是对空置的鸡舍和鸡舍内的设备进行消毒，一般选择氢氧化钠、甲酚皂、过氧乙酸等。

③ 浸泡用消毒剂。一般选用对用具腐蚀性小的消毒药物，卤素类是其首选，也可用酚类进行消毒。对于门前消毒池，建议用3%～5%的烧碱溶液消毒。

④ 熏蒸用消毒剂。一般选择高锰酸钾和甲醛，也可用环氧乙烷和聚甲醛，可根据情况进行选择。

表 1-1　鸡场常用消毒药物用法及注意事项

消毒药物名称	用法用量
复合酚	喷雾消毒用于鸡舍、器具、排泄物、车辆，预防时 1∶300 倍稀释；疫病发生和流行时 1∶（100～200）倍稀释；要求水温不低于 8 ℃，禁与碱性和其他消毒药物混合使用
福尔马林	每立方米空间按福尔马林溶液 20 毫升、高锰酸钾 10 克、水 10 毫升计算用量。一种方法是先将高锰酸钾按甲醛的半量加于金属容器中，然后将规定量甲醛（加适量水稀释，以增加环境中的湿度）慢慢加入其中，此时混合液自动沸腾，从而使甲醛气化；另一种方法是直接加热甲醛，不用高锰酸钾，使之气化 注意消毒后要及时通风换气，以释放鸡舍内的甲醛气体
戊二醛	熏蒸：每立方米用 1.06 毫升 10%的溶液熏蒸鸡舍；喷洒消毒用 2%；浸泡消毒用 2%溶液浸泡 15～20 分钟 注意水的 pH 在 7.5～8.5 最好
氢氧化钠	2%的浓度用于病毒和一般细菌的消毒；5%用于炭疽芽孢的消毒；也可用 2%氢氧化钠和 5%的石灰乳混合使用，效果更好 注意不要和酸性的消毒药物混用；消毒后及时清洗，防止消毒药物腐蚀物品
氢氧化钙（石灰）	应用生石灰配成 10%～20%的石灰乳涂刷墙壁、地面；门前消毒池可用 20%石灰乳浸泡的草垫对鞋底和进场的交通工具消毒 该消毒药应现配现用，门前的消毒池内消毒液应一天一换
漂白粉（含氯石灰）	1%～5%的消毒液可用于沙门氏菌、炭疽杆菌、大肠杆菌的消毒；10%～20%的混悬液可用于炭疽芽孢的消毒；如用漂白粉精，浓度为漂白粉的 1/3，并宜现配现用
二氯异氰脲酸钠	0.5%～1%用于杀灭细菌和病毒；5%～10%用于杀灭含芽孢的细菌；宜现配现用
二氧化氯	0.01%～0.02%可用于细菌和病毒的消毒；0.025%～0.05%可用于带芽孢细菌；0.000 2%可用于饮水、喷雾、浸泡消毒 应注意水温和水的 pH，试验资料表明温度在 25 ℃以下，温度越高，消毒效果越好

（续）

消毒药物名称	用法用量
过氧乙酸	0.5%用于地面、墙壁的消毒；1%用于体温表的消毒；用于空气喷雾消毒时，每立方米空间用2%的溶液8毫升即可 过氧乙酸对金属类具有腐蚀性；遇热和光照易氧化分解，高热则引起爆炸，故应放置阴凉处保存；使用时宜现用现配
百毒杀	饮水用量0.002 5%～0.005%；喷雾用0.015%～0.05%；用时根据消毒液含量自己调配
季铵盐	0.004%～0.066%用于鸡舍喷雾消毒；0.003 3%～0.005%用于器具、种蛋；0.002 5%～0.005%用于带鸡消毒；0.002 55%用于饮水消毒
双季铵盐-戊二醛消毒液	1∶1 000～1∶500的浓度用于清洗、喷雾消毒

（2）应用消毒药时需注意以下问题

① 药物浓度和作用时间。药物的浓度越高，作用时间越长，消毒效果越好，但对组织的刺激性越大。如浓度过低，接触时间过短，则难以达到消毒的目的，因此，必须根据消毒药物的特性和消毒的对象，恰当掌握药物浓度和作用时间。

② 消毒剂温度和被消毒物品的温湿度。在适当范围内，温度越高，消毒效果越好。据报道，温度每增加10℃，消毒效果增强1～1.5倍，因此消毒通常在15～20℃的温度下进行。

③ 环境中的有机物含量。消毒药物的消毒效果与环境中的有机物含量是成反比的，如果消毒环境中有机物的污物较多，也会影响消毒效果。因为有机物一方面可以掩盖病原体，对病原体起保护作用；另一方面可降低消毒药物与病原体的结合而降低消毒药物的作用。所以建议养殖户在对鸡舍消毒时，尽量清理干净鸡舍内的鸡粪、墙壁上的污物，以提高消毒效果。

④ 环境中酸碱度（pH）。环境中的酸碱度对消毒药物药效有明显的影响，如酸性消毒剂在碱性环境中消毒效果明显降低；表面活性剂的季铵盐类消毒药物，其杀菌作用随 pH 的升高而明显加强；苯甲酸则在碱性环境中作用减弱；戊二醛在酸性环境中较稳定，但杀菌能力弱，当加入 0.3%碳酸氢钠，使其溶液 pH 达 7.5～8.5 时，杀菌活性显著增强，不但能杀死多种繁殖性细菌，还能杀死带芽孢的细菌；含氯消毒剂的最佳 pH 为 5～6；以分子形式起作用的酚、苯甲酸等，当环境 pH 升高时，其杀菌作用减弱甚至消失；而季铵盐、氯已定、染料等随 pH 升高而增强。

⑤ 消毒药物的颉颃作用。某些消毒药物两种混合使用时会降低药效，这是由消毒药的理化性质决定的，所以养殖户在消毒时尽量不要用两种消毒药物配合使用，并且两种不同性质的消毒药使用时要隔开时间。如过氧乙酸、高锰酸钾等氧化剂与碘酊等还原剂之间可发生氧化还原反应，不但会减弱消毒作用，还会加重对皮肤的刺激性和毒性。

在实际消毒过程中，要根据消毒药物的标识、结合鸡舍环境、鸡病情况合理选择消毒药物，并注意严格按照消毒药物的使用说明调配消毒药物，提高消毒药的效力，达到消毒的目的。

23 什么是带鸡喷雾消毒？带鸡消毒有哪些注意事项？

所谓“带鸡喷雾消毒”即在鸡舍（场地）有鸡的情况下，进行喷雾消毒的一种方法。该消毒方法直接降低了鸡舍内空气和鸡体表周围有害微生物数量、沉降鸡舍内漂浮的尘埃、抑制氨气的产生和吸附氨气，降低了病原微生物对鸡群健康的危害。夏季喷雾消毒的同时也起到防暑降温的作用。应用时需注意以下原则：

（1）采用喷雾方式，药液雾滴在 50～80 微米之间。

（2）喷洒时，应由里至外，由上至下，全面喷到，不留死角。顺序为天棚、墙壁、鸡体、鸡笼、地面、贮料间及饲养员休息室等，全面消毒。

（3）消毒间隔，鸡不论日龄大小，正常情况下每周1次，有疫情时可每周2次，视鸡群情况灵活掌握。

（4）为减少应激，喷雾消毒时间最好固定，且应在暗光下或在傍晚时进行。喷雾时应关闭门窗，消毒后应加强通风换气，便于鸡体表及鸡舍干燥。

（5）活苗接种前、中、后3天内不要进行带鸡消毒。

（6）根据不同消毒药的消毒作用、特性、成分、原理，每个鸡场要准备2～3种不同成分的消毒药按一定的时间交替使用，避免病原微生物产生耐药性、降低消毒效果。

（7）带鸡消毒的药物应遵循以下原则：①对病原菌、病毒、芽孢及支原体等均有确切的杀灭效果；②对人和鸡的皮肤及黏膜没有或仅有一过性轻微刺激；③喷在水和饲料中食入体内无害，并且不在体内蓄积；④长期使用对鸡舍及内部设备无腐蚀和损害作用。常用带鸡消毒药物有：过氧乙酸、正碘双杀、次氯酸钠、双链季铵盐、新洁尔灭等。

24 鸡舍熏蒸消毒应注意哪些问题？

熏蒸消毒是利用福尔马林（含40％甲醛的溶液）与高锰酸钾发生化学反应，快速地释放出甲醛气体，经过一定时间杀死病原微生物的一种消毒方法，它是鸡舍消毒常用而且行之有效的一种方法。其最大优点是熏蒸药物能分布到鸡舍的各个角落，消毒较全面，省工省力，克服了泼洒消毒的缺点。目前，多数鸡场在用福尔马林熏蒸消毒时，福尔马林的用量及有效浓度的维持时间都存在不足的现象，除计算时用量不足外，还与门窗缝隙、天窗空气对流、清洗不彻底等因素有关，这样就大大降低了消毒效果。由于熏蒸方法不当而影响人和鸡只健康与安全的现象也屡有发生。因此，为了充分发挥熏蒸消毒的效果，保证养鸡生产的安全顺利进行，鸡舍熏蒸消毒过程中的一些注意事项必须引起足够的重视。

（1）要确保人身安全。用于熏蒸的容器应尽量离门近一些，以便人员操作后能迅速撤离。消毒时切忌往福尔马林中加入高锰酸钾，以免福尔马林溅出，造成危险。同时，福尔马林对皮肤黏膜的刺激性极大，其蒸气可引起眼和呼吸道炎症；其液体滴在皮肤表面，能使皮肤变粗变硬，故应避免与皮肤接触。

（2）熏蒸时，高锰酸钾和福尔马林药品混合后反应剧烈，一般可持续10～30分钟。因此，盛装药品的容器应尽量大一些，不宜小于福尔马林溶液体积的4倍，以免福尔马林气化时溢出容器。

（3）熏蒸时，使用的福尔马林毫升数与高锰酸钾克数之比为2∶1最为适宜。当反应结束时，如残渣是一些微湿的褐色粉末，则表明两种药品的比例较适宜；若残渣呈紫色，则表明高锰酸钾过量；若残渣太湿，则说明高锰酸钾不足。由于熏蒸时两种药品反应可产生热量，因此，不可使用塑料盆等容器，尤其是高温季节，否则易引起火灾。

（4）熏蒸必须有较高的舍温和相对湿度，一般舍温应不低于15℃，相对湿度为60％～80％。当鸡舍内的温度达26℃以上，相对湿度达75％时，消毒效果最好。若鸡舍内温度、湿度过低，则影响消毒效果。

（5）消毒效果与熏蒸时间长短有关，时间越长，消毒效果越好。因此，熏蒸时要密闭鸡舍24小时以上。如果熏蒸时间少于8小时，消毒效果较差。

（6）配制药液时必须注意其实际含量。如用甲醛消毒时，每立方米空间40毫升的用量是指福尔马林，而不是甲醛溶液。如果手头有的只是甲醛溶液，则须先将甲醛配成40％的浓度（即福尔马林）。

（7）甲醛有刺激性，消毒时应空舍进行。消毒后，舍内有较浓的刺激气味，鸡舍不能立即应用。消毒完成后，要打开鸡舍门窗，通风换气2天以上，使其中的甲醛气体逸散。如急需使用时，可用氨气中和甲醛气体，其用量按每立方米鸡舍用5克氯化铵、10克生石灰和10毫升75℃的热水混合放入容器内，即可放出氨气。也可用氨水代替，用量是每立方米鸡舍用25％的氨水15毫升，中和30分钟后打开鸡舍门窗，通风30～60分钟即可进鸡。

25 用于鸡饮水消毒的药物有哪些？应注意哪些问题？

饮水消毒是指定期在家禽饮用水中添加消毒药进行消毒的方法。饮水消毒必须注意以下几点：

（1）选用效力强、毒性小、无残留的消毒剂。主要有漂白粉、次氯酸钠、二氯异氰尿酸钠及碘酊等消毒剂，按规定浓度使用，以确保鸡只不发生中毒。

（2）鸡饮水消毒必须注意定期清洗饮水器。同时，为了提升家禽的体质，增强抗病力，可在饮水中同时加入水溶性的复合维生素及电解质。

（3）育雏期阶段第3周以后即可开始饮水消毒。过早不利雏鸡肠道菌群平衡的建立，而且影响早期防疫。

（4）免疫接种前后3天加上接种当天（共7天）及用药时，不可进行饮水消毒。

26 怎样使用石灰消毒？应注意哪些问题？

在养鸡生产过程中，常需要进行场地、鸡舍、用具等消毒。石灰是一种价廉易得的良好消毒药，1%的石灰水在数小时内，可杀死普通繁殖型细菌；3%的石灰水经1小时，可杀灭沙门氏菌。石灰还是养禽场常用的消毒防腐药，可预防多种传染病，同时也可预防某些寄生虫病，如疥癣病等。但在使用过程中，应做到方法正确，否则就达不到消毒的目的。

（1）干燥的生石灰没有消毒作用，必须与水混合变成氢氧化钙后产生氢氧根离子，使病原微生物蛋白质变性，方能显现消毒作用。干燥状态的熟石灰有消毒作用，但不如其悬浮液的消毒效果好。10%～20%石灰乳的配制方法：用生石灰1千克加水350毫升制成熟石灰粉（会产热，操作时要小心，防止烧伤），再向熟石灰中加9倍体积的水即得10%石灰乳，如加4倍体积的水即得20%石灰乳。石灰乳要现用现配，一次用完。主要使用于：

① 用于围栏、水泥地面、墙面的涂布或刷白消毒。养鸡场发生鸡霍乱（鸡巴氏杆菌病）时可用20%石灰乳消毒水池，加入量为每立方米水20～30毫升，消毒后的水可重新供饮用。

② 用20%的石灰乳浸泡草包或麻袋，放于鸡场、鸡舍门口，使出入人员来往踩踏，消毒鞋底。这样可预防由出入人员携带的病菌引起的疾病。

（2）应用石灰消毒时需注意以下事项：

① 消毒石灰应现买现用，很多养殖户为了图省事，一次性购进许多生石灰，一次用不完，以后继续作消毒用。这是不正确的，因为生石灰化学名称叫氧化钙，加入水后即生成疏松的熟石灰。生石灰放在密封的容器内，也会吸收空气中水分，变成熟石灰，即氢氧化钙，只有离解出的氢氧根离子才具有杀菌作用。如果熟石灰存放时间长了，就会与空气中的二氧化碳起化学反应，生成没有氢氧根离子的碳酸钙，便完全丧失了杀菌消毒的作用。

② 切不可将生石灰粉直接撒在鸡舍的干燥地面上，这样做不但起不到消毒作用，还会由于石灰粉尘被鸡吸入而引发呼吸道疾病；也不要在鸡舍门口的池槽内放入生石灰粉（对鞋底无消毒作用）；放入熟石灰粉的做法比较可行，但必须勤换。

27 鸡舍消毒程序有哪些？

鸡舍消毒的目的是给鸡群创造一个良好的干净舒适的环境，清除以往鸡群和外界环境中的病原体。养鸡生产中鸡舍消毒好坏直接影响到鸡群的健康，必须做好鸡舍的消毒工作。鸡舍消毒分为空舍消毒和带鸡消毒，合理的鸡舍消毒程序是：

（1）空舍消毒　首先应清除舍内的粪便、垫料、死鸡及垃圾等，用高压水枪从上至下地冲洗鸡舍棚、四壁窗户和门、鸡笼、饮水器（槽）、食槽及设备等。待干后，地面及1米以下的墙壁用2%～3%火碱刷洗，再用清水冲，干后再对鸡舍从上至下喷雾消毒，将天棚、墙壁、地面及饲养用具喷湿。熏蒸消毒，将鸡舍封闭好，熏蒸24小时再打开门窗和排风机通风，放出甲醛气味，大约通风1周左右。进鸡前再次对鸡舍内从上到下喷雾消毒一遍即可。

（2）带鸡消毒　首先尽可能彻底地扫除鸡笼、地面、墙壁、物品上的鸡粪、羽毛、粉尘、污秽垫料和屋顶蜘蛛网等，再用清水将污物冲洗出鸡舍，提高消毒效果。待干后再对鸡舍从上至下喷雾消毒，使天棚、墙壁、地面及饲养用具喷湿。

28 鸡的给药方法有哪些？

在养鸡生产中，为了促进鸡群的生长、预防和治疗某些疾病，经常需要进行投药。鸡的投药方法很多，大体上可分为三类，即全群投药法、个体给药法和体表给药法。

（1）全群投药法

① 混料给药。即将药物均匀地拌入料中，让鸡采食时能同时吃进药物。该法简便易行，节省人力，减少应激，效果可靠，主要适用于预防性用药，是养鸡中最常用的投药方式。适用于混料的药物比较多，尤其对一些不溶于水而且适口性差的药物，采用此法投药更为恰当，如复方新诺明、氯苯胍、微量元素、多种维生素、鱼肝油等。

② 饮水给药。就是将药物溶于少量饮水中，让鸡短时间内饮完，也可以把药物稀释到一定浓度，让鸡自由饮用。此法适用于短期投药和紧急治疗投药。尤其适用于已患病、采食量明显减少而饮水状况较好的鸡群。投喂的药物必须是水溶性的，如葡萄糖、高锰酸钾、卡那霉素、北里霉素、磺胺二甲基嘧啶、亚硒酸钠等。

③ 气雾给药。是指让鸡只通过呼吸道吸入或作用于皮肤黏膜的一种给药方法。适用于该法的药物应对鸡呼吸道无刺激性，而且又能溶解于其分泌物中，否则不能吸收。

（2）个体给药法

① 口服法。此法一般只用于个别治疗，适合于较小的禽群或比较珍贵的禽。该法虽然费时费力，但剂量准确，疗效有保证。对于某些弱雏，经口注入无机盐、维生素及葡萄糖混合剂，常可提高成活率和生长速度。投药时把片剂或胶囊经口投入食道的上端，或

用带有软塑料管的注射器把药物经口注入鸡的嗉囊内。

② 体内注射法。包括静脉、肌内、皮下和嗉囊注射法四种。常用肌内注射法，其优点是吸收速度快、完全，适用于逐只治疗，尤其是紧急治疗时，效果更好。对于难经肠道吸收的药物，如链霉素、红霉素、庆大霉素等，在治疗非肠道感染时，可用肌内注射法给药。

（3）体表给药法　多用来杀灭体外寄生虫，常用喷雾、药浴、喷洒等方法。此法用药应注意用量，有些药物用量大会出现中毒，最好事先准备好解毒药；如使用有机磷杀虫剂时，应准备阿托品等解毒药。

29 给鸡投药应注意哪些原则？

依据鸡群投药的方式不同，其用药注意原则也各异，主要有以下几点：

（1）混料给药的注意事项

① 准确掌握混料浓度。进行混料给药时应按照药物浓度，准确、认真计算所用药物的剂量。若按鸡只体重给药，应严格按照鸡群只体重，计算总体重，再按照要求把药物拌进料内。药物的用量要准确称量，切不可估计大约，以免造成药量过小起不到作用，或过大引起中毒等不良反应。

② 确保用药混合均匀。为了使所有鸡都能吃到大致相等的药物，必须把药物和饲料混合均匀。先把药物和少量饲料混匀，然后将它加入大批饲料中，继续混合均匀。加入饲料中的药量越小，越是要注意先用少量饲料混匀。直接将药加入大批饲料中是很难混匀的。对于容易引起药物中毒或不良反应大的药物，如磺胺类药物尤其要混合均匀。切忌把全部药物一次加入所需饲料中简单混合，造成部分鸡只药物中毒和部分鸡吃不到药，达不到防治目的。

③ 用药后密切注意有无不良反应。有些药物混入饲料后，可与饲料中的某些成分发生颉颃反应，这时应密切注意不良作用。如饲料中长期混合磺胺类药物，就易引起 B 族维生素和维生素 K 的

缺乏，这时应适当补充这些维生素。另外，还要注意中毒等反应。

(2) 饮水给药　除注意拌料给药的一些事项外，还应注意以下几点。

① 药前停水，保证药效。为保证鸡只饮入适量的药物，多在用药前，让整个鸡群停止饮水一段时间；一般寒冷季节停水4～5小时，气温较高季节停水2～3小时；然后换上加有药物的饮水，让鸡只在一定时间内充分喝到药水。

② 准确认真，按量给水。为保证全群绝大部分鸡只在一定时间内喝到一定量的药物水，不至于剩水过多，造成吸入鸡体内的药物剂量不够，或加水不够，饮水不够，饮水不均，要认真计算不同日龄及鸡群大小的供水量。

(3) 经口投药　须注意流体药物如果直接灌服于鸡的口腔时，或软塑料管插入食道过浅时，可能引起鸡窒息死亡。

(4) 体内注射　注射部位一般在胸部，注射时不可直刺，要由前向后成45度角斜刺1～2厘米，不可刺入过深。腿部注射时要避开大的血管，不要在大腿内侧注射。

(5) 体表给药　此法用药应注意用量，有些药物用量过大会出现中毒，最好事先准备好解毒药。如使用有机磷杀虫剂时应准备阿托品等解毒药。

30 选择药物时有哪些注意事项？

养鸡生产中使用药物预防和治疗鸡病非常重要，合理地选择药物需注意下列事项：

(1) 注意鸡对药物的敏感性　鸡对某些药物具较强的敏感性，用药时须慎重。常用且鸡对之较敏感的药物有：磺胺类药物、喹乙醇以及链霉素等。如以0.5%浓度的磺胺类药物混饲雏鸡8天，会引起脾脏出血、梗死、坏死和肿胀；成年鸡则食欲降低，产蛋率下降；喹乙醇一次用量每千克体重超过70毫克，鸡会出现中毒；链霉素剂量每千克体重超过500毫克，鸡会产生呼吸衰竭和肢体瘫痪而死亡。

（2）根据病情选用药物 多数药物长期应用均会产生抗药性，应不同药物交叉使用，可大大提高用药效果。最好能针对发病的具体病原菌进行药敏试验，效果更佳。

（3）剂量及给药方法 正确掌握药物剂量、用药疗程和给药方法，以达到最佳治疗的效果。

（4）注意合理地合并用药 有些药物的配伍使用，会大大提高治疗效果；但有些药物配伍会发生颉颃作用，降低药效甚至引起中毒。

（5）注意药物对生产性能的影响 如影响产蛋率、肉的品质等，因此不同的药物要求在鸡宰前的停药期不同。

（6）注意药物的质量 不用假药、劣药、过期药。

31 鸡饮水给药有哪些注意事项？

饮水投药法是目前鸡场常用的方法。特别适用于因病不能食料但尚能饮水的情况。饮水投药时应注意：

（1）所用药物应易溶于水，且在水中性质较稳定。

（2）注意水质对药物的影响，水的 pH 呈中性为好。

（3）掌握饮水给药时间的长短。在水中不易破坏的药物，可让鸡全天自由饮用药液；在水中易破坏的药物，应在一定时间内饮完，以保证药效，为此可在用药前停水 1～2 小时，使之产生渴感。配制的药液量应合适，太多会造成药物浪费，太少则造成部分鸡只缺饮，影响疗效。药液的多少应根据鸡群的饮水量确定，饮水量又与鸡的日龄、饲养方法、饲料种类、季节、气候等因素紧密相关。

（4）准确计算鸡群所需的药物剂量，避免过低无疗效、过高中毒的情况发生。

32 怎样选择和使用抗生素？

抗生素在防治传染病及感染性疾病中起重要作用。使用抗生素能达到预防和治疗疾病的目的，但用药不当、滥用抗生素现象普遍存在，给生产带来许多不良后果，造成重大的经济损失。合理使用抗生素，发挥出其最大潜力，争取最佳疗效显得尤为重要。现将临床治疗中对抗生素的使用介绍如下：

（1）合理选择抗生素

① 根据发病情况、剖检变化、实验室诊断，弄清致病微生物的种类，并通过药敏试验选择敏感性抗生素。同时，还要考虑到药物的不良反应对鸡体损伤，尽可能在敏感药物中选择不良反应小的抗生素使用。

② 每种抗生素有一定的适用范围，因此，要根据药敏试验抑菌环的大小选择敏感的抗生素。抑菌环以SIR为分界点，国内不论药物种类及被检菌相同与否，以抑菌环直径＞15毫米为敏感（S）；10～15毫米为中度敏感（I）；＜10毫米为耐药（R）。

（2）合理选择给药途径　鸡群给药途径很多，最常用的有注射给药、饮水给药和拌料给药三种。严重感染时，一般多采用注射给药法；一般感染或消化道感染时，以饮水或拌料内服为宜；对严重消化道感染，则采用注射给药法配合饮水法或拌料法同时进行。

（3）合理掌握投药量和用药疗程

① 恰当使用抗生素剂量，药量太小起不到治疗作用，太大造成浪费，并可能引起机体严重反应。因此，使用剂量要以说明书的规定为标准。实践证明，对急性传染病和严重感染时可适当加大剂量。

② 抗生素的使用疗程要因鸡的体质、病情轻重而定。一般情况下连续用药3～5天，直到症状消失后再用2～3天，以巩固疗效。

③ 使用毒性大的药物时，注意用药量及疗程的控制，防止中毒现象的发生。

（4）避免滥用抗生素，防止耐药性的发生　抗生素在使用一段时间后，会产生耐药性，为避免耐药现象的发生，可通过药敏试验来选择抗生素种类；一种抗生素用过一段时间以后更换另一种抗生素。

（5）有效发挥抗生素联合抗菌功效，避免用药禁忌情况发生在鸡病防治中，为有效地发挥抗生素的药效，常将两种或两种以上的药物配合使用，来提高药效。但在药物使用时，尽量避免配伍禁忌，以充分发挥抗生素联合抗菌功效。

（6）抗生素的使用与提高鸡群自身免疫力、增强体质有机结合起来　鸡病防治过程中，通过给鸡群接种菌苗，来提高鸡群自身免疫力，防止疾病的发生。实践证明，同批次、同品种、同日龄鸡发生疾病时，健康状况良好的鸡，康复快，用药疗程短；反之，康复慢，用药疗程长。

（7）抗生素的使用与改善饲养管理和卫生消毒工作结合起来　鸡群发病用抗生素治疗只是控制疾病的一个方面，还需要平时加强饲养管理和环境卫生消毒。

（8）明确抗生素治疗的局限性，树立“防重于治”的观念　目前，引发鸡致病的因素很多，而抗生素只能治疗一些由寄生虫和细菌引起的疾病，对于其他由病毒引起的疾病则需要预防。因此，我们要树立“以防为主，防重于治”的思想意识。

33 怎样定期对鸡进行驱虫？

定期驱虫，能有效预防鸡的各种寄生虫病，减少饲料浪费，提高饲料利用率，降低成本。驱虫一般分两次进行，第一次 2 月龄，第二次在鸡开产前，常用左旋咪唑每千克体重 25～30 毫克拌料。在组织大规模定期驱虫工作时，应先作小群试验，再全面展开，以防用药不当，引起中毒死亡。所选用的药物，应考虑广谱（即对原虫、吸虫、绦虫、线虫等不同类型的寄生虫均可驱除）、高效、低毒、价廉、使用方便等。同时，也应注意寄生虫产生抗药性，在同一地区，不能长期使用单一品种的药物，应经常更换驱虫药的种类，或联合用药。

34 杀灭鸡体外寄生虫的药物有哪些？使用时应注意些什么？

寄生于鸡体外的寄生虫有蜱、螨、虱、蚤、蝇、蚊等，可选择适宜的杀虫药，采取喷雾、药浴、沙浴、水浴、撒粉及烟雾等方法，及时进行治疗。

（1）蝇毒磷　本药杀虫范围广，对鸡的蜱、虱、蚤等体外寄生虫均有效。中等毒性。可配成0.05%浓度的沙浴杀灭体外寄生虫。

（2）杀灭菊酯（速灭菊酯、敌虫菊酯）　为接触性杀虫剂，对体外多种寄生虫如螨、虱、蚤、蜱、蚊等均有杀灭作用。本品杀虫力强，杀虫谱广，价廉，使用方便，毒性低。可用药浴法、喷雾法、直接涂搽法或熏烟法治疗。如用20%的杀灭菊酯油乳剂，可稀释至1 000～5 000倍使用，稀释用水的温度以12 ℃左右为宜。

（3）敌杀死（溴氰菊酯）　对鸡蜱、螨虫、虱有作用，还可杀灭蟑螂、蚂蚁。常用浓度为50～80毫克/升，即100升水中加入2.5%溴氰菊酯200～350毫升，直接喷洒或药浴。

35 鸡常用抗蠕虫药物有哪些？使用时应注意些什么？

根据药物抗虫作用和寄生虫分类，将抗寄生虫药物分成抗蠕虫药、抗原虫药和杀虫药。抗蠕虫药又称驱虫药，分为抗线虫药、抗绦虫药和抗吸虫药三大类；对危害禽类的各种蠕虫如线虫（包括蛔虫、鸡饰带线虫、类圆形线虫、毛细线虫等）、绦虫（四角赖利绦虫、棘沟赖利绦虫、有轮赖利绦虫、戴文绦虫等）、吸虫（包括卷棘口吸虫、似椎低颈吸虫、纤细背孔吸虫、杯尾吸虫等）具有驱除、杀灭作用。

（1）驱线虫药

① 抗生素类，如伊维菌素、阿维菌素、多拉菌素、依立菌素、米尔倍肟霉素、莫西菌素、越霉素A和潮霉素B等。

② 苯并咪唑类，如噻苯咪唑、丙硫苯咪唑、甲苯咪唑、硫苯咪唑、磺苯咪唑、丁苯咪唑、苯双硫脲、丙氧苯咪唑和丙噻苯咪唑等。

③ 咪唑并噻唑类，如左旋咪唑和四咪唑。

④ 四氢嘧啶类，如噻嘧啶、甲噻嘧啶和羟嘧啶。

⑤ 其他驱线虫药，如乙胺嗪、碘硝酚等。

（2）驱绦虫药 主要有吡喹酮、氯硝柳胺、硫双二氯酚、丁萘脒、溴羟苯酰苯胺等。

（3）驱吸虫药 长期以来，酒石酸锑钾是抗血吸虫的特效药，但它有毒性大、疗程长、必须静脉注射等缺点；而吡喹酮具有高效、低毒、疗程短、口服有效的特点。

抗蠕虫药用药时又根据不同的应用目的分为治疗性驱虫和预防性驱虫。治疗性驱虫是一种紧急措施，只有发生寄生虫病时才需进行，以免鸡因蠕虫危害而死亡；预防性驱虫是根据蠕虫病的生物学和流行病学的规律，每年在一定时间内进行1～2次驱虫，可免除蠕虫对鸡的侵袭。在驱虫过程中，对有中间宿主的蠕虫还必须采取综合措施，阻断终末宿主与中间宿主的关系，避免流行和发展，保证驱虫效果。

36 鸡常用抗球虫药物有哪些？使用时应注意些什么？

鸡球虫病是养鸡业中危害最严重的寄生虫病之一，特别是在气温高、湿度大的地区，有利于球虫卵囊的生长发育，常常呈暴发性流行。目前，鸡球虫病的治疗主要依赖于药物治疗，面对市售抗球虫药的繁多品种，养殖户要谨慎选药，合理用药，加强饲养管理才能有效防治鸡球虫病。

（1）合理使用抗球虫药 理想的抗球虫药标准，一是抗球虫谱广，性质稳定；二是能够提高饲料报酬，促进鸡的生长发育；三是组织中残留量少，无毒性，多用途，又不影响鸡的免疫力；四是价格低廉，容易与饲料混合或易溶于水。国内当前使用的主要抗鸡球虫药有三类，一类是聚醚类离子载体抗生素，另一类是化学合成药，第三类是中草药制剂。

① 聚醚类离子载体抗生素类抗球虫药。主要有莫能菌素、拉

沙里菌素、盐霉素、马杜拉霉素、海南霉素等。这类药物的作用机制是提高虫体细胞膜对钾、钠、钙、镁等离子的通透性，使细胞内外形成较大渗透压差，水分大量进入虫体细胞使其膨胀，破裂而死亡。

② 化学合成类抗球虫药。主要有磺胺类（包括磺胺喹噁啉、磺胺吡嗪等）、3,5-二硝基邻甲基苯酰胺（球痢灵）、氯苯胍、氨丙啉、尼卡巴嗪、地克珠利、二甲硫胺、喹啉类等。化学合成药对球虫的作用机制比较复杂，有的影响球虫发育过程，如磺胺类；有的影响虫体线粒体功能等。

③ 中草药制剂。主要有青蒿散（青蒿、常山各80克，地榆、白芍各60克，茵陈、黄柏各50克）、五草汤（旱莲草、地锦草、鸭跖草、败酱草、翻白草各等份）、驱球净等新制剂，其大多是由中药材经提取、浓缩、精制而成，具有驱虫、杀虫、止血等功效。

（2）抗球虫药使用的注意事项

① 定期更换药物品种。长期使用一种药物，易导致球虫耐药性的产生，定期换药，是提高药效、避免耐药性的有效方法。定期换药主要有穿梭用药和轮换用药两种。穿梭用药即在同一饲养周期内，换用两种或三种不同性质的抗球虫药，即饲养前期用一种药物，中后期使用另一种药物；轮换用药即根据季节或定期更换用药，即每隔3个月或半年，改换一种抗球虫药或将药效已经开始下降的抗球虫药换下来，但要注意变换的抗球虫药不能属于同一类型的药物，以免产生交叉耐药性。

② 由于肉鸡饲养周期短、生长速度快，一旦发生球虫病，其损失难以在生长期内获得补偿，因此要特别注意预防。可在雏鸡饲料中拌料饲用地克珠利、尼卡巴嗪、氯苯胍等药物。在生长期饲料中，拌料饲用拉沙里菌素、马杜拉霉素、盐霉素等药物。

③ 蛋鸡和种鸡在产蛋期内禁用抗球虫药，需从建立鸡群对球虫免疫力的角度来选择抗球虫药。在雏鸡饲料中使用抗球虫效力稍差的药物，如莫能菌素、克球粉、球痢灵等；而在生长期使用高效抗球虫药，如拉沙里菌素、马杜拉霉素、地克珠利、百球清等；但

需在产蛋前一定时间停药，以确保蛋中无药物残留。

④ 药物与疫苗轮换使用。把疫苗和药物结合起来轮换使用，可以引入一些无抗药性的虫种或弱毒虫株疫苗，提高药物的使用效果。

⑤ 坚持“预防为主，防重于治”的用药方法。临床上发现血便等症状时，球虫的无性繁殖期已经结束，此时用药，只能起到抑制球虫进一步发育和预防后期感染，保护未出现明显症状或未感染的鸡；对病情较重的鸡，基本无效。因此，鸡感染后必须在前4天内用药才能使药物奏效。雏鸡到了易感日龄2周后就应该使用药物来预防球虫病，特别是在易感染阶段和流行季节（雨季）更要注意预防用药。

37 鸡常用磺胺类药物有哪些？使用时应遵循什么原则？

磺胺类药物具有较广的抗菌谱，而且疗效确切，性质稳定，使用简便，价格便宜，又便于长期保存；目前是仅次于抗生素的一大类抗菌药物。特别是高效、长效、广谱的新型磺胺和抗菌增效剂合成以后，使磺胺类药物临床应用有了新的广阔前途。常见的有磺胺嘧啶、磺胺噻唑、磺胺氯吡嗪、增效磺胺嘧啶等药物，养鸡生产中常用于防治白痢、球虫病、盲肠炎、肝炎和其他细菌性疾病。但有些养殖户对磺胺类药物缺乏认识，常因滥用而引起中毒。为了更好地应用磺胺类药物，应遵循以下原则。

（1）正确掌握用药剂量　首次用药量或第1天用量要加倍，以后的用量为维持量。拌料一定要均匀，对急性病例也可以用针剂注射给药。

（2）注意交叉耐药性　细菌对磺胺类药物有交叉耐药性，如使用某一种磺胺药细菌产生了耐药性后，不要用其他磺胺类药，而应使用抗生素或其他化学合成抗菌药，以免延误病情，增加用药成本。

（3）用药期间应充足饮水　用药期间必须供给充足的饮水，以防止析出磺胺结晶而损害肾脏。

（4）发现中毒立即停药，供给充足的饮水　在饮水中可加入0.1%～0.2%的碳酸氢钠或0.5%的葡萄糖液；也可在饲料中加入0.05%的维生素K_3，或在日粮中将B族维生素用量提高1倍。中毒严重的鸡，肌注维生素B_{12} 1～2微克。

（5）合理使用抗菌增效剂（TMP）　抗菌增效剂与磺胺类药物并用时，具有增效作用，一般TMP与磺胺类药按1∶5的比例使用，可明显提高临床效果，降低用药成本。

（6）注意配伍禁忌　两种或两种以上的药物在一起使用，必须经兽医技术人员许可，避免用违反配伍禁忌而影响治疗效果的药物。

（7）加强饲养管理　磺胺类药物只有抑菌作用，没有杀菌作用。因此，在治疗过程中要加强饲养管理，提高病鸡机体的防御能力。

38 鸡常用的保健药物有哪些？

鸡常用的保健药物按作用不同可分为：

（1）雏鸡开口用药　雏鸡开口用药为第一次用药。雏鸡进舍后应尽快饮上2%～5%的葡萄糖水，以减少早期死亡。葡萄糖水不需长时间饮用，一般2～3小时饮一次即可。饮完后应适当补充电解多维，投喂抗菌药物，但不宜用毒性较强的抗菌药物如痢菌净、磺胺类药等，有条件的还可补充适量的氨基酸。

（2）抗应激用药　很多疾病都是由应激诱发的，如接种疫苗、转群扩群、天气突变等。如不及时采取有效的预防措施，疾病就会向纵深方向发展，多数表现为如下的发病链：应激→支原体病→大肠杆菌病→混合型感染病。抗应激用药就是在疾病的诱因产生之前开始用药，以提高机体的抗病能力。抗应激药实际就是电解多维加抗生素。

（3）营养性用药　营养物质和药物没有绝对的界限，当鸡缺乏营养时就需要补充营养物质，此时的营养物质就是营养药。鸡新陈代谢很快，不同的生长时期表现出不同的营养缺乏症，如B族维生素、亚硒酸钠、维生素E、维生素D、维生素A缺乏症等。补充营养药要遵循及时、适量的原则，过量地补充营养药会造成营养浪费和鸡中毒。

（4）通肾保肝药 在防治疾病过程中频繁用药和大剂量用药势必增加鸡肝、肾的解毒排毒负担，超负荷的工作量最终将导致鸡的肝中毒、肾肿大，实际生产中其临床发病率已占相当大的比例。除了提高饲养水平外，根据鸡的肝、肾实际损伤情况定期或不定期地使用通肾保肝药为较好的补救措施。

39 产蛋鸡应禁用或慎用哪些药物？

饲养蛋鸡投资少见效快，是养殖致富的好门路。近年来，我国蛋鸡业得到了快速发展。随着养鸡规模不断扩大，鸡病越来越多，而且也更加复杂。为了预防和控制疾病，有的养殖户不了解情况，盲目投药，使产蛋率下降，造成较大经济损失，也给鸡体及鸡蛋带来药残而影响消费者的健康。因此，蛋鸡饲养户使用药物时应了解哪些药物是禁用的，哪些药物需要慎用的。

（1）首先，所用兽药应符合《中华人民共和国兽药典》《中华人民共和国兽药规范》《兽药质量标准》《进口兽药质量标准》和《兽用生物制品质量标准》的有关规定。所用兽药应来自具有兽药生产许可证并具有产品批准文号的生产企业，或者具有《进口兽药登记许可证》的供应商。所用兽药的标签应符合《兽药管理条例》的规定。严禁使用中华人民共和国农业农村部制定的《食品动物禁用的兽药及其他化合物清单》列出的盐酸克仑特罗等β-兴奋剂类、己烯雌酚等性激素类、玉米赤霉醇等具有雌激素样作用的物质、氯霉素及其制剂、呋喃唑酮等硝基呋喃类、安眠酮等催眠镇静类等21类药物。

（2）其次，要禁止使用对产蛋期有害的药物，限制使用可能导致产蛋下降的药物，慎重选用因用药剂量等原因可能会影响产蛋的药物。

① 磺胺类药物如磺胺嘧啶、磺胺噻唑、磺胺氯吡嗪、增效磺胺嘧啶等，养鸡生产中常用于防治白痢、球虫病、盲肠炎、肝炎和其他细菌性疾病。这类药只能用于雏鸡和青年鸡，对产蛋鸡应禁用。产蛋鸡如果使用了上述药物，使鸡产软壳蛋和薄壳蛋；此外，含有磺胺类成分的药物都会抑制产蛋，故应慎用于产蛋鸡。

② 四环素类药物系广谱抗生素，常见的主要是金霉素，对鸡白痢、鸡伤寒、鸡霍乱和滑膜炎支原体有良效；但它的不良反应较大，使鸡体缺钙，因而阻碍了蛋壳的形成，导致鸡产软壳蛋，蛋的品质差，也使鸡的产蛋率下降。

③ 抗球虫类药物如氯苯胍、莫能霉素、球虫净、氯羟基吡啶（克球粉）、尼卡巴嗪、硝基氯苯酰胺等，这些药物一方面有抑制产蛋的作用，另一方面能在肉、蛋中残留，危害人体健康，故产蛋鸡应限制使用。

（3）此外，氨丙啉、二甲硫胺、三字球虫粉、盐霉素、马杜霉素、拉沙洛菌素、红霉素、土霉素、北里霉素、泰乐菌素、恩拉霉素、新生霉素、维吉尼亚霉素等均禁用于产蛋鸡。产蛋期，氟苯咪唑、杆菌肽锌、牛至油、复方磺胺氯达嗪钠（磺胺氯达嗪钠甲氧苄啶）、托曲珠利、维吉尼亚霉素等药物须在兽医指导下限制使用。

40 肉鸡应禁用或慎用哪些药物?

在肉鸡饲养过程中，许多养殖户在用药方面存在着一些观念上的错误，结果造成药费偏高，利润下降，防治疾病效果不理想。生产中应对肉鸡禁用或慎用药物加以注意。

（1）呋喃唑酮（痢特灵）　连续长期应用，能引起出血综合征。如不执行停药期的规定，在鸡肝、鸡肉中有残留，其潜在危害是诱发基因变异和致癌。农业农村部已明文禁止用于食品动物。

（2）磺胺类药物　长期应用能造成蓄积中毒，其残留能破坏人造血系统，造成溶血性贫血症、粒细胞缺乏症、血小板减少症等。

（3）氯霉素　其对畜禽的不良反应是对造血系统有毒性，使血小板、血细胞减少和引起视神经炎，雏鸡肝内酶系统尚未发育完全，影响肝对氯霉素的解毒，肾脏排泄功能低下，使氯霉素滞留。其残留的潜在危害是氯霉素对骨髓造血机能有抑制作用，可引起人的粒细胞缺乏病、再生障碍性贫血和溶血性贫血，对人产生致死效应。农业农村部已明文禁止用于食品动物。

（4）土霉素　长期大剂量使用土霉素能引起肝脏损伤以致肝细胞坏死，致使中毒死亡。如未执行停药期规定，残留使人体产生耐药性，影响抗生素对人体疾病的治疗，并易产生人体过敏反应。

（5）硫酸庆大霉素　用于养鸡中易出现尿酸盐沉积、肾肿大、过敏性休克和呼吸抑制，特别是对脑神经前庭神经有害，而且反复使用易产生耐药性。

（6）肉鸡产品不允许使用的抗生素　有庆大霉素、甲砜霉素、金霉素、阿维霉素、土霉素、四环素等几种，都是因抗生素能致癌的成分对人体有间接危害。也有一些要求在出栏前 14 天停用的，如青霉素、链霉素；要求出栏前 5 天停用的有恩诺沙星、泰乐菌素；要求出栏前 3 天停用的有盐霉素、球痢灵。为了人类安全，每个养殖户都应谨慎使用抗生素。

（7）肉鸡整个饲养阶段禁用的药物　克球粉、磺胺嘧啶、万能胆素、球虫净（尼卡巴嗪）、磺胺喹噁啉、前列斯汀、螺旋霉素、灭霍灵、氨丙啉等。禁止使用一切人工合成的激素类药物。

41 怎样实施拌料给药？

拌料给药是常用的一种给药途径，将药物均匀地拌入料中，让鸡只采食时，同时吃进药物。实施拌料给药技术需掌握以下几部分内容：

（1）拌料给药的药物一般是难溶于水或不溶于水的药物　一般的抗球虫药及抗组织滴虫药，只有在一定时间内连续使用才有效，因此多采用拌料给药。抗生素用于控制某些传染病时，也可拌于饲料中给药。

（2）准确掌握混料浓度　进行拌料给药时应按照拌料给药浓

度，认真准确计算所用药物的剂量。若按鸡只体重给药，应严格按照鸡只体重，计算总体重，再按照要求把药物拌进料内。药物的用量要准确称量，切不可估计大约，以免造成药量过小起不到作用，或过大引起中毒等不良反应。

（3）确保用药混合均匀　为了使所有鸡只都能吃到大致相等的药物，必须把药物和饲料混合均匀。拌药时坚持做到：从小堆到大堆，反复多次搅拌，避免个别鸡只中毒的发生。加入饲料中的药量越小，越要先用少量饲料混匀，因为直接将药加入大批饲料中是很难混匀的。对于容易引起药物中毒或不良反应大的药物，如磺胺类药物尤其要混合均匀，切忌把全部药物一次加入所需饲料中简单混合，造成部分鸡只药物中毒和部分鸡吃不到药，达不到防治目的。开料时要保证有充足的料位，让所有鸡只能同时采食，都吃到合适的药量。

（4）注意事项　药物与饲料一定要混合均匀，尤其是对于鸡易产生不良反应的药物。要考虑到药物与饲料中添加剂的配伍禁忌。例如，长期应用磺胺类药物时，应在饲料中增加维生素 B_1 和维生素 K 的用量；应用氨丙啉时，应减少维生素 B_1 的用量。用药期间应密切注意鸡的状态。观察疗效的同时，注意有无不良反应或中毒迹象，发现异常及时处理，降低损失。

42 怎样清除鸡舍有害气体？

随着养鸡规模化的发展，鸡舍内有害气体蓄积愈发严重（图1-8），环境控制成为养鸡户越来越不能忽视的问题，它关系鸡体的健康与养鸡效益。因此，养殖户为鸡群提供良好、舒适的环境，不仅有利于鸡只的生长，还可以有效地控制疾病的发生。目前，清除鸡舍有害气体有以下方法：

（1）垫料除臭法　每平方米地面用0.5千克硫黄拌入垫料铺垫地面，可抑制粪便中氨气的生成和散发，降低鸡舍空气中氨气含量，减少臭味。

（2）吸附法　利用木炭、活性炭、煤渣和生石灰等具有吸附作

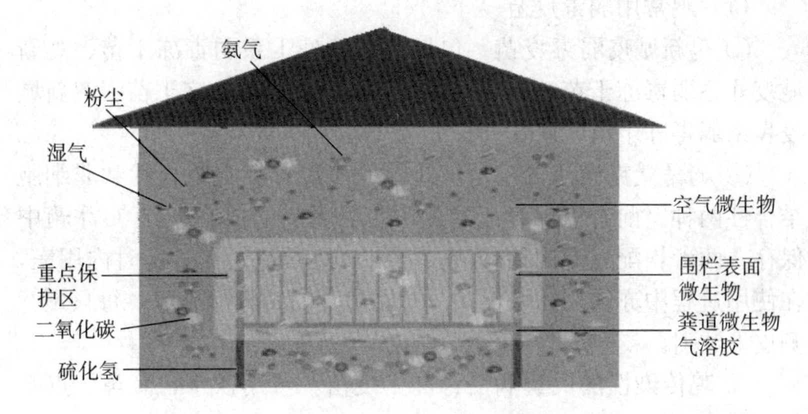

图 1-8 鸡舍的有害气体

用的物质吸附空气中的臭气。方法是将木炭放入网袋悬挂在鸡舍内或撒在地面上，以吸收空气中的臭味。

（3）生物除臭法 据研究发现，很多有益菌（如 EM）可以提高饲料蛋白质利用率、减少粪便中氨的排量，还可抑制细菌产生有害气体，从而改善鸡舍内的空气质量，并节约饲料。

（4）化学除臭法 在鸡舍内地面上撒一层过磷酸钙，可减少粪便中的氨气散发，降低鸡舍臭味。按每 50 只鸡活动地面均匀撒上过磷酸钙 350 克，可减少空气中的氨气，一般存放期为 7 天。另外，将 4%的硫酸铜和适量熟石灰混在垫料中，也可降低鸡舍空气臭味。

（5）中药除臭法 将艾叶、苍术、大青叶或大蒜、秸秆各等份适量放在鸡舍内燃烧，即可抑制细菌，又能除臭，在空舍时使用效果最好。

43 鸡常用的疫苗有哪些？

疫苗是预防和控制传染病的一种重要工具，正确使用能使机体产生足够的免疫力，而达到抵御外来病原微生物的侵袭和致病的目的。目前常用的疫苗有两大类型：弱毒苗、灭活苗。

（1）鸡常用弱毒疫苗

① 鸡新城疫弱毒疫苗。包括鸡新城疫Ⅰ系弱毒冻干苗、鸡新城疫Ⅱ系弱毒冻干苗、鸡新城疫Ⅲ系（F系）弱毒冻干苗、鸡新城疫Ⅳ系弱毒冻干苗。

② 鸡马立克病活毒疫苗。此中的病毒有细胞结合性和非细胞结合性两种。前者需保存于液氮中，后者只需放在－20 ℃冰箱中保存。两者均配有专用稀释液。疫苗一经稀释须在2小时内用完，在使用过程中亦须用冰瓶保护。对刚出壳的1日龄雏鸡，每只颈背侧皮下注射。

③ 鸡传染性法氏囊病活毒冻干疫苗。可用饮水、滴鼻、点眼等方法免疫。

④ 鸡传染性支气管炎活毒冻干疫苗。可用饮水、滴鼻、点眼等方法免疫。

⑤ 鸡传染性喉气管炎活毒冻干疫苗。具一定毒力，非疫区慎用。使用时用专用稀释液稀释后点眼免疫。注意：此苗不宜免疫4～5周龄以下的鸡；疫苗病毒可感染易感的产蛋鸡并影响产蛋，故非免疫鸡不应与免疫鸡接触。

⑥ 鸡痘活毒冻干疫苗。可用于各种年龄的鸡，但5～6周龄以前免疫的鸡免疫期短，因而蛋鸡和种鸡在开产前必须再接种1次。

⑦ 鸡病毒性关节炎活毒冻干疫苗。能使免疫种鸡体内的抗体传递给子代，预防病毒性关节炎的早期感染。免疫方法是颈部皮下注射。

（2）鸡常用灭活疫苗　灭活疫苗一般均加入佐剂，在2～4 ℃中保存即可，不宜冻结，用前升至室温，用时应不断摇动。常用的灭活疫苗有：新城疫油乳剂苗；鸡传染性支气管炎（肾传）多价油乳剂苗；鸡产蛋下降综合征油乳剂苗；鸡传染性法氏囊病油乳剂苗；禽病毒性关节炎油乳剂苗；鸡败血支原体油乳剂苗；鸡传染性鼻炎油乳剂苗；禽霍乱油乳剂苗；禽霍乱蜂胶佐剂疫苗；鸡大肠杆菌多价复合蜂胶佐剂疫苗。

（3）鸡常用联苗　鸡新城疫-鸡产蛋下降综合征二联油乳剂苗；

鸡新城疫-鸡传染性支气管炎（肾型）二联油乳剂苗；鸡新城疫-鸡传染性法氏囊病油乳剂苗；鸡产蛋下降综合征-鸡传染性支气管炎（肾型）油乳剂苗；鸡新城疫-鸡产蛋下降综合征-鸡传染性支气管炎三联油乳剂苗；鸡新城疫-鸡产蛋下降综合征-鸡传染性鼻炎三联油乳剂苗；鸡新城疫-鸡产蛋下降综合征-鸡传染性法氏囊病三联油乳剂苗；鸡新城疫-鸡传染性支气管炎-鸡传染性法氏囊病三联油乳剂苗；鸡新城疫-鸡传染性支气管炎-鸡传染性鼻炎三联油乳剂苗；鸡新城疫-鸡产蛋下降综合征-鸡传染性支气管炎-鸡传染性鼻炎四联油乳剂苗等。

一般而言，灭活苗主要用于蛋鸡、种鸡等生存期较长的家禽，均采用皮下或肌内注射的方法免疫。一个养禽场究竟采用单苗、二联苗、三联苗或四联苗，应根据本场的实际情况及制订的免疫程序选择性使用。

44 怎样保存、运输和使用疫苗？

疫苗与普通的化学药品相比，比较怕光、怕冻结。这些因素直接影响了疫苗的质量，最终影响免疫效果，甚至导致免疫失败。为了保证疫苗的质量不受影响，应正确保存、运输和使用疫苗。

（1）保存　购买的疫苗应尽快使用。距使用时间较短者置于2～15℃阴暗、干燥环境，如地窖、冰箱冷藏室；量少者也可保存于盛有冰块的广口保温瓶中。需要较长时间保存者，弱毒疫苗保存于冰箱冷冻室（－18℃以下）冻结保存，灭活苗保存在冰箱冷藏室。注意防止过期。

（2）运输　运输前须妥善包装，防止碰破流失。运输途中避免高温和日光照射，应在低温下运送。大量运输时使用冷藏车，少量时装入盛有冰块的广口保温瓶内运送。但对灭活苗在寒冷季节要防止冻结。

（3）使用

① 免疫接种前，对使用的疫苗进行仔细检查。瓶签上的说明（名称、批号、用法、用量、有效期）必须清楚，瓶子与瓶塞无裂

缝破损，瓶内的色泽性状正常，无杂质异物，无霉菌生长，否则不得使用。

② 不需要稀释的疫苗，先除去瓶塞上的封蜡，用酒精棉球消毒瓶塞。

③ 需要注射途径接种的疫苗，在瓶塞上固定一个消毒的针头专供吸取药液，吸液后不拔出，用酒精棉包裹，以便再次吸取。给动物注射用过的针头，不能吸液，以免污染疫苗。

④ 吸取和稀释疫苗时，必须充分振荡，使其混合均匀。

⑤ 已经打开瓶塞或稀释过的疫苗，必须当天用完，未用完的疫苗经加热处理后废弃，以防污染环境。吸入注射器内未用完的疫苗应注入专用空瓶内再处理。

45 怎样制订鸡场适宜的免疫程序？

免疫程序是指在鸡的生产周期中，为了预防某种传染病而制订免疫接种的次数、间隔时间、疫苗种类、用量、用法等。科学制订免疫程序时应注意的因素有：本地区鸡病流行的情况及严重程度、母源抗体水平、鸡的种类、各种疫苗的接种方法等。最好是通过免疫监测鸡的抗体水平，来合理地制订免疫程序。

（1）根据当地和本场疫病流行情况、流行规律，拟定所需疫苗的种类　接种疫苗的种类应是当地比较流行或曾经发生及受威胁的病种。同时注意疫苗毒株的血清型要与当地病原流行株相对应。

（2）根据母源抗体水平确定首免日龄　疫苗免疫后要定期检测抗体水平，根据抗体检测情况确定加强免疫时间。

（3）不同用途的鸡接种疫苗种类不一　如蛋鸡需要接种产蛋下降综合征疫苗，而肉鸡则不需要。

46 怎样实施疫苗的滴鼻、点眼免疫？

滴鼻（图1-9、彩图3）、点眼（图1-10、彩图4）免疫接种方法如果操作得当，效果确实可靠，尤其对一些预防呼吸道疾病的免疫具有较好效果。但如果鸡群数量大，或鸡日龄大，就需要消耗大量的劳动力和时间，也会造成一定的应激，如操作上稍有马虎，则往往达不到预期的目的。

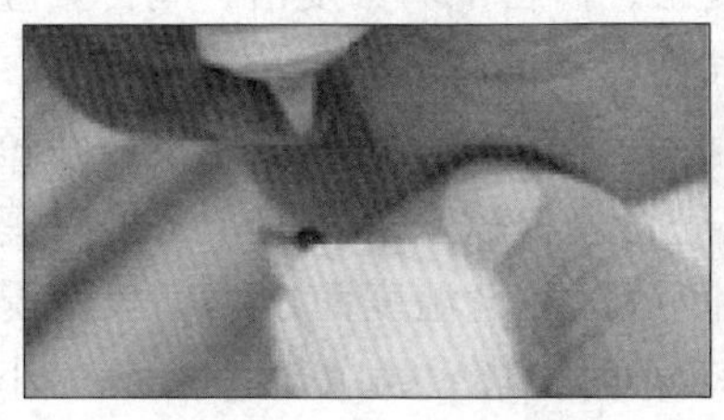

图 1-9 滴鼻免疫

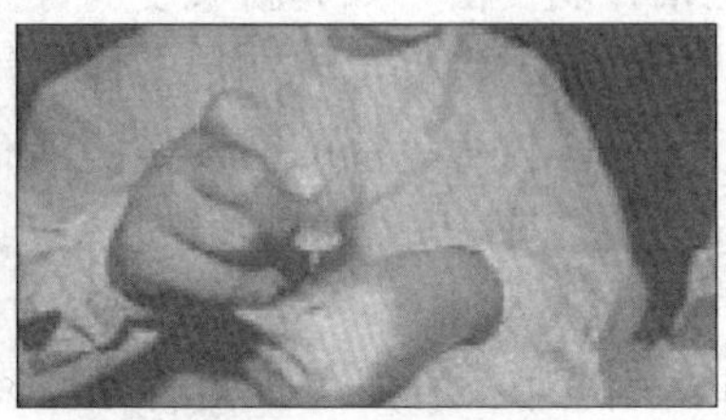

图 1-10 点眼免疫

疫苗稀释液一般用生理盐水、蒸馏水或者凉开水，不要随便加入抗生素或其他化学药物。稀释液的用量要准确，最好根据自己所用的滴管或针头事先滴试，确定每毫升多少滴，然后再计算疫苗稀释液的实际用量。一般 1 000 羽份的疫苗用 80～100 毫升稀释液，一只鸡滴 2 滴。免疫前，首先用吸管吸取少量稀释液移入疫苗瓶中，待疫苗完全溶解后，再倒入稀释液中混匀，即可使用。为使操作准确无误，一手一次只能抓一只鸡，不能一手同时抓几只鸡，在滴入疫苗前，应把鸡的头颈摆成水平的位置（一侧眼鼻朝天，另一侧眼鼻朝地），并用一只手指按住向地面的一侧鼻孔。接种时，用清洁的吸管在每只鸡的一侧眼睛和鼻孔内分别滴一滴稀释的疫苗液，当滴入眼结膜和鼻孔的疫苗完全吸收后再放开鸡。

应注意做好已接种鸡和未接种鸡之间的隔离，防止漏免。稀释的疫苗要在 1～2 小时内用完。为减少应激，最好在晚上弱光环境下接种，也可在白天适当关闭门窗后，在稍暗的光线下接种。

47 怎样实施疫苗的饮水免疫？如何确定饮水免疫用水量？

鸡群的饮水免疫是一种省时省力的群体免疫方法，和注射法、滴鼻法、点眼法相比，减少了抓鸡及注射时的应激刺激，受到规模养鸡场的重视，在实际生产中得到了广泛的应用。

疫苗饮水免疫的实施包括以下几点：

（1）选择适合饮水免疫的疫苗　适合饮水免疫的疫苗是高效价的活毒弱疫苗，如鸡新城疫弱毒疫苗、禽霍乱弱毒疫苗、鸡传染性法氏囊病弱毒疫苗、鸡传染性支气管炎弱毒疫苗等。

（2）饮水免疫的前提是使鸡有一定程度的渴感，以使疫苗在短时间内（即1～2小时）被饮完，进行疫苗饮水免疫前，必须对鸡群进行停水（图1-11）。停水时间依据环境温度而定，一般情况下，舍温在8～15℃时，停水4～6小时；16～25℃，停水3～4小时；25℃以上，停水1～3小时。如果停水时间过长，鸡群渴感极度增加，供水时，易造成体质好的鸡只暴饮而造成水中毒，停水时间过短，饮欲不强，鸡只饮入的疫苗量不够及剩余的疫苗时间长而失活。

（3）水质要求　饮水中有很多因素直接影响了疫苗的稳定性和免疫活性。稀释疫苗最好用蒸馏水，也可用深井水加0.1%～0.3%脱脂奶粉稀释（图1-12），疫苗要现用现配（图1-13），不得用温水或热水。

图1-11　免疫前停水

图1-12　添加脱脂奶粉

图1-13　疫苗的配制

图1-14　饮水免疫

（4）免疫时机　一般建议鸡群饮水免疫在早晨太阳升起的时候进行，因为光照可以增加鸡群的活动性。如果遇到阴天，可以适当增加光照，以促进鸡群的活动量，提高饮水量。

饮水免疫前，应准确计算鸡群的饮水量。水量过多或过少都会影响鸡群的免疫效果（图 1-14）。水过少会导致免疫效果不均一甚至漏免的可能，水过多会出现鸡群不能及时饮完含有疫苗的饮水，导致疫苗不能完全而及时地被鸡群摄入，影响疫苗的使用效率，从而影响其免疫效果。所以，必须根据舍温、日龄，准确计算每只鸡在停水时间内的饮水量。一般用量为：1～2 周龄每只 5～10 毫升；3～4 周龄每只15～20 毫升；5～6 周龄每只 20～30 毫升；7～8 周龄每只 30～40 毫升；9～10 周龄每只 40～50 毫升。也可在用疫苗前 3 天连续记录鸡的饮水量，取其平均值以确定饮水量。免疫后 1～2 小时再正常饮水。

48 饮水免疫有哪些注意事项？

饮水免疫是预防家禽传染病较常用的有效方法。具有方法简便实用，省时，省力，工作效率高且对鸡群应激小等优点。但也往往由于方法不当，造成免疫失败。现结合生产实践谈谈饮水免疫时应注意的几个问题。

（1）注意疫苗是否适于饮水免疫　适于饮水免疫的疫苗一般是弱毒冻干疫苗。疫苗用量一般应高于其他方法免疫用量的 2～3 倍，稀释疫苗时将疫苗开瓶后倒入水中混合均匀。

（2）疫苗的稀释　目前有部分养殖场（户）贪图方便，喜欢用自来水直接稀释疫苗，这是错误的，因一般自来水含有氯。据测定，稀释疫苗的用水如氯浓度超过 0.5 毫克/升，就会影响疫苗效价。稀释疫苗的水不含任何可使疫苗病毒或细菌灭活的物质，如氯、铁、锌、铜等。正确的做法应采用煮沸后的冷开水或未被污染的深井水稀释，饮水中添加定量的脱脂奶粉作保护剂可明显提高免疫效果。

（3）饮水量不足　有些养殖场（户）采用饮水免疫时，供给鸡群免疫用的饮水量明显不足，结果只有一部分鸡只饮到足够的免疫用水，从而导致了参差不齐的免疫效果。饮水免疫前，应准确计算鸡群的饮水量，通常用于稀释疫苗的计划用水约为鸡群日常饮水量的30%。另外，值得注意的一点是，鸡群进行饮水免疫时应有一个合理的饲养密度，密度过高也会导致鸡只饮水量差异较大，从而导致疫苗免疫水平不均一。

（4）饮水免疫不得使用金属容器，并用清水刷洗干净，没有残留消毒剂和洗涤剂等　在疫苗饮水前应停止饮水2～4小时，并设置足够的饮水器以保证每只鸡都能同时饮到疫苗水，以保证疫苗在1小时内饮完。配制好的疫苗稀释液严禁阳光直射；在饮水免疫前后24小时内，家禽的饲料和饮水中不可使用消毒剂和抗生素类药物。

（5）注意鸡群健康问题　饮水免疫前应详细检查鸡群的健康状况，对病弱鸡或疑似病弱鸡要及时隔离出来，不得进行饮水免疫。并且要对鸡群进行严格监测，抗体水平较免疫前要上升两个滴度，免疫才算成功，否则应重新免疫。

（6）在饮水免疫前后3天，不进行带鸡消毒，饲料中加入多种维生素，尤其是维生素A、维生素E及维生素C。

49 怎样实施疫苗刺种免疫？

刺种免疫适用于鸡痘、鸡脑脊髓炎、鸡痘-脑脊髓炎二联弱毒活疫苗等的免疫。免疫时抓鸡人员一手将鸡的双脚固定，另一手轻轻展开鸡的翅膀，拇指拨开羽毛，露出三角区，免疫人员用特制的疫苗刺种针蘸取疫苗，垂直刺入翅膀内侧无血管处的翼膜内（图1-15至图1-18、彩图5）。

刺种免疫需要注意以下事项：

（1）稀释液质量要保证　推荐使用专用稀释液。条件不允许时，可用灭菌蒸馏水或生理盐水替代。

（2）疫苗配制要正确　先将少量稀释液倒入疫苗瓶中，待疫苗溶解后，回倒至稀释液瓶中，用稀释液反复冲洗疫苗瓶2～3次，保证瓶中无疫苗残留。

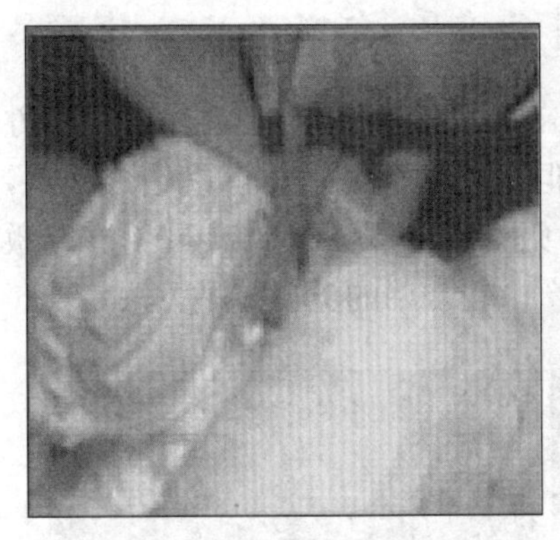

图 1-15 刺种操作

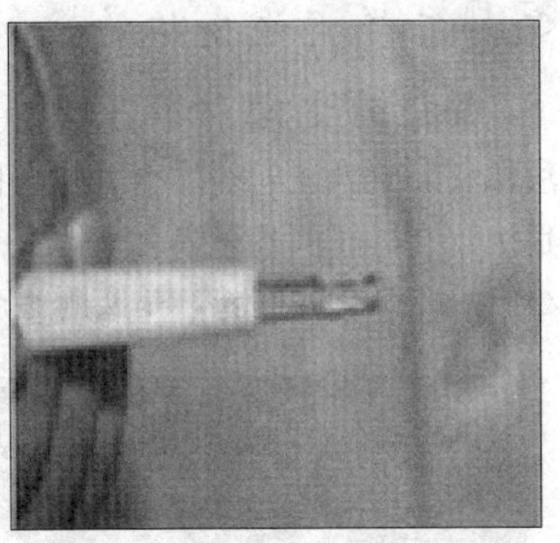

图 1-16 刺种针槽内充满药液

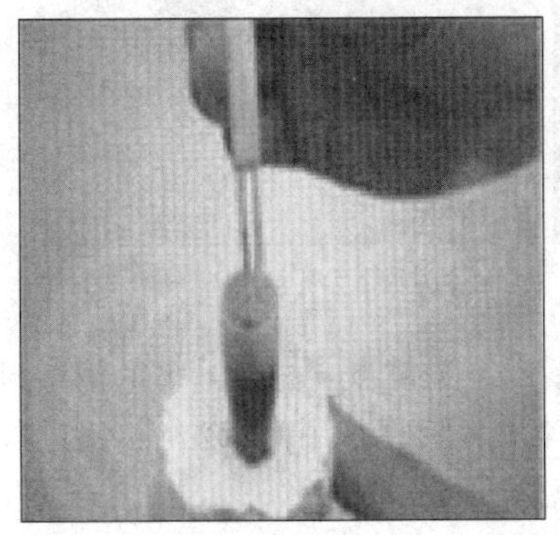

图 1-17 疫苗瓶外加装防热材料

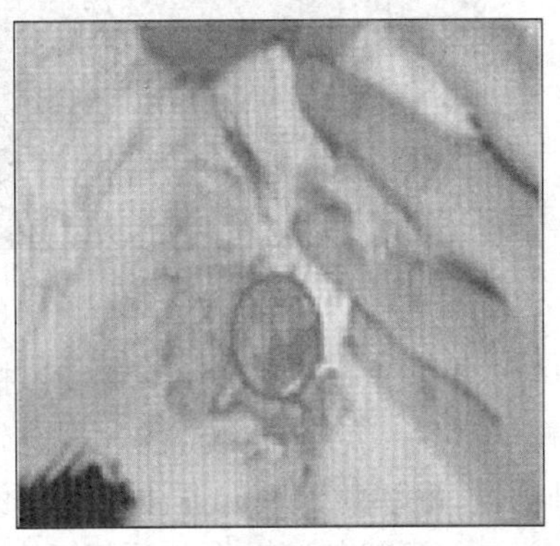

图 1-18 检查接种部位结痂

（3）刺种部位在鸡翅翼膜内侧中央，严禁刺入肌肉、血管、关节等部位。

（4）必须刺一下浸一下刺种针，疫苗液须浸过刺种针槽，保证刺种时针槽内充满药液；刺种针应垂直向下刺入。

（5）控制好疫苗稀释量　刺翅免疫时由于每只鸡耗用疫苗量很少，如果配制的疫苗在 2 小时内不能用完，疫苗就会失效。所以，配制疫苗时一定要控制用量，超过有效期没有用完的稀释疫苗应妥善处理后废弃。

50 怎样实施疫苗的注射免疫？有哪些注意事项？

注射免疫（图1-19、彩图6）以皮下注射与肌内注射两种方法常见。肌内注射抗体上升快，但对鸡的应激大，容易造成残鸡，且抗体维持时间短，常用做紧急免疫；皮下注射对鸡只免疫应激小、抗体维持时间长，是实际生产中较常用的免疫接种方法。

图1-19　注射免疫

（1）正确的实施注射免疫包括以下关键点　注射器械的消毒与校正剂量：免疫前，将注射器、针头、胶管采用煮沸法消毒备用。同时校准注射器，保证注射量与免疫剂量一致。

① 颈部免疫操作。颈部正中线的下1/3处，皮下注射。

操作要领：用拇指和食指捏起鸡只颈部皮肤，使表皮和颈部肌肉之间产生气窝，同时向气窝内注入疫苗。注射时，针头应向后向下，与鸡只颈部纵轴平行。

② 胸部免疫操作。胸部肌肉或皮下注射；肌内注射也可选择翅膀近端关节附近的肌内注射。

操作要领：抓鸡人员一手抓住双翅，另一手抓住双腿，将鸡固定，将胸部向上，平行抓好；皮下注射时，用手将胸部羽毛拨开，针头呈15°将疫苗注入，同时用拇指按压注入部位，使疫苗扩散，防止疫苗漏出；胸部肌内注射时，针头方向应与胸骨大致平行，雏鸡插入深度为0.5～1.0厘米，日龄较大的鸡可为1.0～2.0厘米。

③ 腿部免疫操作。大腿部外侧肌肉或皮下注射。

操作要领：针头方向应与腿骨大致平行，肌内注射呈30°～45°、皮下注射呈15°将疫苗注入。

（2）推荐的免疫操作方法　育雏、育成阶段免疫方法：2周龄前，颈部皮下注射；2周龄后，胸部皮下注射。

产蛋阶段优先免疫方法：胸部皮下→颈部皮下→腿部皮下→胸部肌肉→腿部肌肉。

（3）注射免疫需要注意以下事项

① 将免疫用的疫苗提前从冰箱中取出，保证疫苗使用时为常温，减少低温疫苗对鸡只的免疫应激。

② 使用前及使用过程中充分摇晃疫苗，保证每只鸡获得的抗原量一致。

③ 颈部皮下注射时，应避免将疫苗注射到颈部血管、神经或靠近头部的部位，避免鸡只死亡、残疾或肿头。

④ 胸肌注射时，应防止误刺入肝脏、心脏或胸腔内，引起鸡只意外死亡。

⑤ 因腿部有大的血管且神经较多，又是鸡负重的主要部分，一般不宜做肌内注射。

⑥ 选择不同的部位注射疫苗。由于疫苗对局部组织的损伤及过多疫苗在同一部位的蓄积会造成吸收障碍，影响鸡群健康与免疫效果。

⑦ 疫苗的稀释和注射量应适当，一般以每只0.2～1.0毫升为宜。

⑧ 每注射100只鸡至少更换一次针头。应先接种健康鸡只，再接种假定健康鸡只。

51 怎样实施疫苗的喷雾免疫？如何确定喷雾免疫用水量？

喷雾免疫简便而有效，对鸡呼吸道病的免疫效果很理想，可对鸡进行大群免疫。进行喷雾免疫时，可按以下步骤进行：

(1) 选择合适的喷雾器械并试用，以检查其性能。

(2) 配苗，稀释液应使用去离子水或蒸馏水，最好加入5%甘油或0.2%脱脂奶粉。喷雾免疫疫苗的使用量是其他免疫法疫苗使用量的2倍，配液量应根据免疫的具体对象而定，稀释液的用量（以每1 000只鸡为单位）参照如下：1周龄雏鸡每1 000只的喷雾量是200～300毫升；2～4周龄400～500毫升；5～10周龄800～1 000毫升；10周龄以上1 500～2 000毫升。稀释后的疫苗应在2小时内用完。

(3) 喷雾方法　1日龄雏鸡喷雾时，可打开出雏器或运雏箱，使其排列整齐。

平养的鸡只，可把肉鸡集中在鸡舍一角；或把鸡舍分成两半，中间设一栅栏并留门，从一边向另一边驱赶肉鸡，当肉鸡分批通过栅栏门时喷雾；接种人员还可在鸡群中间来回走动喷雾疫苗，至少来回两次。

笼养肉鸡，直接在笼内一层层地循序进行喷雾。操作者可距鸡只2米，在鸡群上部30～50厘米处喷雾，边喷边走，至少应往返喷雾2～3遍才能将疫苗均匀喷完。

52 喷雾免疫有哪些注意事项?

喷雾免疫是利用气压使稀释的疫苗雾化，并均匀地悬浮于空气中，雾化的疫苗随呼吸进入鸡体，使鸡获得免疫力（图1-20）。只有预防呼吸道疾病的疫苗才可以通过喷雾方式进行免疫，如鸡新城疫Ⅱ系和Ⅳ系弱毒疫苗、鸡传染性支气管炎弱毒疫苗等。当鸡发生呼吸道疾病时不能进行喷雾免疫，否则不仅不会产生理想效果，而且还可能加重病情。喷雾免疫有以下注意事项：

图1-20　喷雾免疫

（1）对鸡进行喷雾免疫一般选择在傍晚，以降低鸡发生应激反应的概率，并避免阳光直射疫苗。关闭鸡舍的门窗和通风设备，减少鸡舍内的空气流动，将鸡群圈于阴暗处。喷雾器或雾化器内应无消毒剂等药物残留，最好选用疫苗接种专用的器具。

（2）疫苗的配制及用量：选用不含氯元素和铁元素的清洁水溶解疫苗，常用的水有去离子水和蒸馏水，不能选用生理盐水等含盐类的稀释剂，以免喷出的雾粒迅速干燥致使盐类浓度升高而影响疫苗的效力。在水中打开瓶盖倒出疫苗。

（3）雾化粒子的大小要适中，在喷雾前可以用定量的水试喷，掌握好最佳的喷雾速度、喷雾流量和雾化粒子大小。该免疫法在有慢性呼吸道病的鸡群中应慎用。新城疫弱毒苗等疫苗会引发喷雾人持续2～3天的结膜炎。因此，喷雾人要注意自身防护，以保护自己的眼睛和鼻子。

53 疫苗免疫应注意什么？

鸡群的免疫接种是集约化养鸡场综合防疫的重要组成部分，是保证鸡群健康、正常生产的关键措施之一。为了达到免疫的目的，使用疫苗免疫时应注意以下事项：

（1）进行饮水、喷雾、注射或刺翅免疫前后24小时内严禁喷雾消毒、饮水消毒，禁用抗生素、抗球虫药、抗病毒药等。

（2）刺翅免疫鸡痘疫苗时，应在免疫5～7天后检查刺种处有无红色小肿块，若未见小肿块，应重新补种。

（3）为减轻免疫期间对鸡体引起的应激反应，免疫接种前后3～5天内，可在饮水中加入抗应激药物，如电解多维、维生素C、维生素E，或在饲料中加入利血平等，均能有效地缓解和降低各种应激反应。日粮中适当添加维生素C和其他多种维生素等。

（4）油乳剂灭活疫苗使用前应充分摇匀，严禁使用含有异物或杂质的低劣疫苗。

（5）弱毒疫苗应用蒸馏水或专用稀释液稀释均匀，使用过程中应充分摇匀。

54 鸡群免疫失败的原因有哪些？

疫苗接种是预防传染病的有效方法之一，但是免疫接种能否获得成功，不但取决于接种疫苗的质量、接种方法和免疫程序等外部条件，还取决于机体的免疫应答能力这一内部因素。接种疫苗后机体的免疫应答是一个极其复杂的生物学过程，许多内外环境因素都影响机体免疫力的产生、维持和终止。所以，接种过疫苗的鸡群不一定都能产生坚强的免疫力。近年来，一些免疫鸡群常常暴发传染病，给养鸡生产造成了较大的损失。根据生产实践和调查分析，就引起鸡群免疫失败的因素及防制对策概括如下，供养鸡生产者参考。

（1）疫苗及稀释剂

① 疫苗的质量。疫苗不是正规生物制品厂生产，质量不合格或已过期失效。疫苗因运输、保存不当或疫苗取出后在免疫接种前受到日光的直接照射，或取出时间过长，或疫苗稀释后未在规定时间内用完，影响疫苗的效价甚至失效。

② 疫苗选择不当。肉鸡场忽视肉仔鸡生长快、抵抗力相对较弱的特点，选用一些中等毒力的疫苗，如选择中等偏强毒力的传染性法氏囊病疫苗、新城疫Ⅰ系疫苗饮水，这不仅起不到免疫的作用，相反造成病毒毒力增强和病毒扩散。

③ 疫苗间干扰作用。将两种或两种以上无交叉反应的抗原同时接种时，机体对其中一种抗原的抗体应答显著降低，从而影响这些疫苗的免疫接种效果，如新城疫和传染性支气管炎、新城疫和传染性法氏囊病等。

④ 疫苗稀释剂。疫苗稀释剂存在质量问题或未经消毒处理或受到污染而将杂质带进疫苗；饮水免疫时饮水器未消毒、清洗，或饮水器中含消毒药等都会造成免疫不理想或免疫失败。

（2）鸡群机体状况

① 遗传因素。动物机体对接种抗原产生免疫应答，在一定程度上是受遗传控制的，鸡品种繁多，免疫应答各有差异；即使同一

品种不同个体的鸡，对同一疫苗的免疫反应强弱也不一致。有的鸡只甚至有先天性免疫缺陷，从而导致免疫失败。

② 母源抗体干扰。种鸡个体免疫应答差异以及不同批次雏鸡群不一定来自同一种鸡群等原因，造成雏鸡母源抗体水平参差不齐。如果所有雏鸡固定同一日龄进行接种，若母源抗体过高的反而干扰了后天免疫，不产生应有的免疫应答。即使同一鸡群不同个体之间母源抗体滴度也不一致，母源抗体干扰疫苗在体内的复制，从而影响免疫效果。

③ 应激因素。动物机体的免疫功能在一定程度上受到神经、体液和内分泌的调节，在环境温度过高过低、湿度过大、通风不良、拥挤、饲料突然更换、运输、转群等应激因素的影响下，机体肾上腺皮质激素分泌增加。肾上腺皮质激素能显著损伤 T 淋巴细胞，对巨噬细胞也有抑制作用，增加免疫球蛋白 G（IgG）的分解代谢。所以，当鸡群处于应激反应敏感期时接种疫苗，就会减弱鸡的免疫能力。

④ 营养因素。维生素及许多其他养分都对鸡免疫力有显著影响。养分缺乏，特别是缺乏维生素 A、B 族维生素、维生素 D、维生素 E 和多种微量元素及全价蛋白时能影响机体对抗原的免疫应答，免疫反应明显受到抑制。试验表明，雏鸡断水、断食 48 小时，法氏囊、胸腺和脾脏重量明显下降，脾脏内淋巴细胞数减少，网状内皮系统细菌清除率降低，即机体免疫能力下降。

（3）疾病

① 病原血清型。多数病原微生物有多个血清型，甚至有多个血清亚型，某鸡场感染的病原微生物与使用的疫苗毒株（菌苗菌株）在抗原上可能存在较大差异或不属于一个血清（亚）型，从而导致免疫失败。

② 免疫抑制性疾病。马立克病、淋巴白血病、传染性法氏囊病、传染性贫血病、球虫病等能损害鸡的免疫器官法氏囊、胸腺、脾脏、哈德氏腺、盲肠扁桃体、肠道淋巴样组织等，从而导致免疫抑制。特别是传染性法氏囊病可以造成免疫系统的破坏和抑制，从

而影响其他传染病的免疫。鸡群发病期间接种疫苗，还可能发生严重的反应，甚至引起死亡。

（4）免疫程序不合理　鸡场未根据当地鸡病流行规律和本场实际，制定出合理的免疫程序。

（5）其他因素

① 饲养管理不当、消毒卫生制度不健全。鸡舍及周围环境中存在大量的病原微生物，在用疫苗期间鸡群已受到病毒或细菌的感染，这些都会影响疫苗的效果，导致免疫失败。饲喂霉变的饲料或垫料发霉，霉菌毒素能使胸腺、法氏囊萎缩，毒害巨噬细胞而使其不能吞噬病原微生物，从而引起严重的免疫抑制。

② 免疫方法不当。滴鼻点眼免疫时，疫苗未能进入鼻腔、眼内；肌注免疫时，出现“飞针”，疫苗根本没有注射进去或注入的疫苗从注射孔流出，造成疫苗注射量不足并导致疫苗污染环境；饮水免疫时，免疫前未限水或饮水器内加水量太多，使配制的疫苗未能在规定时间内饮完而影响剂量。

③ 化学物质的影响。许多重金属（铅、镉、汞、砷）均可抑制免疫应答而导致免疫失败；某些化学物质（卤化苯、卤素、农药）可引起鸡部分甚至全部免疫系统萎缩以及活性细胞的破坏，进而引起免疫失败。

④ 滥用药物。许多药物（如痢特灵、氯霉素、卡那霉素等）对B淋巴细胞的增殖有一定抑制作用，能影响疫苗的免疫应答反应。有的鸡场为防病而在免疫接种期间使用抗菌药物或药物性饲料添加剂，从而导致机体免疫细胞的减少，以致影响机体的免疫应答反应。

⑤ 器械和用具消毒不严。免疫接种时不按要求消毒注射器、针头、刺种针及饮水器等，使免疫接种成了带毒传播，反而引发疫病流行。

55 怎样确保鸡群产生正常的疫苗免疫应答反应？

疫苗免疫接种是鸡群预防传染病的有效方法之一，要确保鸡群产生正常的疫苗免疫应答反应需要注意以下几点：

（1）正确选择和使用疫苗　选择国家定点生产厂家生产的优质疫苗，到经兽医部门批准经营生物制品的专营商店购买。免疫接种前对使用的疫苗逐瓶检查，注意瓶子有无破损、封口是否严密、瓶内是否真空和有效期，有一项不合格就不能使用。疫苗种类多，选用时应考虑当地疫情、毒株特点。

（2）制定合理的免疫程序　根据本地区或本场疫病流行情况和规律、鸡群的病史、品种、日龄、母源抗体水平和饲养管理条件以及疫苗的种类、性质等因素制定出合理科学的免疫程序，并视具体情况进行调整。

（3）采用正确的免疫操作方法，保证免疫质量　疫苗接种操作方法正确与否直接关系到疫苗免疫效果的好坏。

（4）建立健全防疫制度，全面贯彻综合防治措施，不断提高防疫人员预防操作技能，严格防疫操作规程。

①调整鸡群健康状况，确定接种时间，接种疫苗前应对鸡群健康状况进行详细调查。

②必须对饲料进行监测，以确保不含霉菌毒素和其他化学物质。

③加强饲养管理，减少应激和各种疾病发生，合理选用免疫促进剂。

（5）做好卫生消毒工作　良好的环境卫生质量是提高免疫接种效果的基本保证。进雏前对育雏舍和所有用具彻底清洗消毒，进雏后经常进行带鸡消毒。

56 鸡群紧急接种应注意哪些问题？

调整鸡群健康状况，确定接种时间，接种疫苗前应对鸡群健康状况进行详细调查。若有严重传染病流行，则应停止接种。若是个别病鸡，应该剔除、隔离，然后接种健康鸡。对可疑有疫病流行的地区，可在严格消毒的条件下，对未发病的鸡只做紧急预防接种。免疫接种时间应根据传染病的流行状况和鸡群的实际抗体水平来确定。鸡体对抗原的敏感程度呈24小时周期性变化，不同时间内免疫效果稍有差异。清晨鸡体内肾上腺素分泌较其他时间少，对抗原的刺激也最敏感，此时疫苗接种效果最好。

57 什么疫苗与抗生素不宜混用？

一些养殖场（户）在进行预防接种鸡新城疫和传染性法氏囊病等病毒性疫苗时，经常在稀释的疫苗内添加青霉素、链霉素和庆大霉素等抗菌药物，用以防止因接种疫苗引起鸡体抵抗力降低而继发感染细菌性疾病。实际上，稀释疫苗时加入抗菌药物，尤其是大剂量添加时，这些抗菌药物会使疫苗稀释液的渗透压、酸碱度发生改变而影响疫苗病毒粒子的活性，无法有效地刺激机体产生高水平的抗体，最终影响免疫效果，甚至导致免疫失败。

一般情况下，在接种疫苗前后一天内应停止使用抗菌药物，尤其是不宜应用青霉素、庆大霉素、链霉素和磺胺类药物等，因其本身具有免疫抑制作用。若有必要添加抗菌药物时，可通过与接种疫苗不同的途径投服，如肌注鸡新城疫Ⅰ系苗时，可口服恩诺沙星等药物。

另外，在接种疫苗前后几天内，可投服一些免疫增效剂，如维生素E、维生素C和左旋咪唑等，这样既能缓解接种疫苗对鸡群造成的应激，又可刺激鸡群的免疫系统，以增强免疫效果。

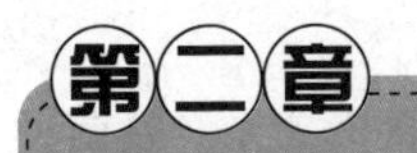

第二章 鸡的病毒性传染病

58 新城疫流行有何新特点？

鸡新城疫俗称鸡瘟、亚洲鸡瘟等，是由鸡新城疫病毒引发的一种高度接触性传染病。主要特征是呼吸困难、下痢、浆膜和黏膜出血，病程稍长的病例伴有神经症状。其他禽类、人偶尔亦可感染本病毒。

本病一年四季均可发生，冬春寒冷季节较易流行，主要侵害鸡，不同日龄、品种和性别的鸡均能感染，但幼雏的发病率和死亡率明显高于大龄鸡。纯种鸡比杂交鸡易感，死亡率也高。在自然条件下，珍珠鸡、火鸡、雉、孔雀及鹌鹑也可被感染，从鸽、麻雀、鹦鹉中也可分离到毒株。水禽和海鸟有抵抗力，常呈隐性或慢性感染，成为重要的病毒携带者和散播者。

在自然条件下，本病毒主要经呼吸道或眼结膜感染，也可经消化道感染。病鸡的分泌物、排泄物和尸体是病毒的主要传染媒介。病鸡在出现症状前 24 小时，分泌物和粪便中就含有大量病毒。康复鸡多在症状消失后 5～7 天停止排毒，但有的康复鸡在症状消失后 2～3 个月仍然带毒、排毒。病毒通过被病毒污染的垫料、饲料、饮水、水槽和用具传播给健康鸡。带毒鸡与携带病毒的人员流动对传播本病起到重要的作用。

随着养鸡业的发展，新城疫的流行表现出以下新特点：

（1）在临床上很难见到典型的新城疫症状，且多与其他病并发，最常见的并发病是大肠杆菌病、传染性法氏囊病、流感（H_9）等。

（2）发病日龄相对集中，20～50 日龄和产蛋高峰期多发，但目前发病日龄逐渐变宽，有 7～8 日龄发病的报道。

（3）疾病损失与鸡群的免疫背景和健康状况有直接关系。疫苗免疫较密集，健康状况良好的鸡群损失较小，但要根治本病却比较困难。

（4）既可表现为散发，又可以造成区域性的流行。

59 鸡新城疫的主要临床症状有哪些？典型新城疫的病理变化有哪些？

本病自然感染的潜伏期一般为 3～5 天，根据临床症状和病程长短分为最急性、急性、亚急性或慢性三型。

（1）最急性型　突然发病，常无特征症状而迅速死亡，多见于流行初期和雏鸡。

图 2－1　鸡新城疫急性型：呼吸困难，张口呼吸，咳嗽，发出呼噜声

（2）急性型　病初体温升高至 43～44 ℃，食欲减退或废绝，精神委顿，鸡冠和肉髯呈暗红色或紫色（彩图 7）。病鸡呼吸困难、咳嗽，有黏液性鼻漏，常伸头，张口呼吸（图 2－1），并发出“咯咯”的喘鸣声或尖锐的叫声。嗉囊内充满液体内容物，倒提时可能有大量酸臭液体从口内流出（图 2－2）。粪便稀薄，呈黄绿色或黄白色，有时混有少量血液。有的病鸡还出现神经症状，如翅、腿麻痹等，不久在昏迷中死亡。1 月龄以内

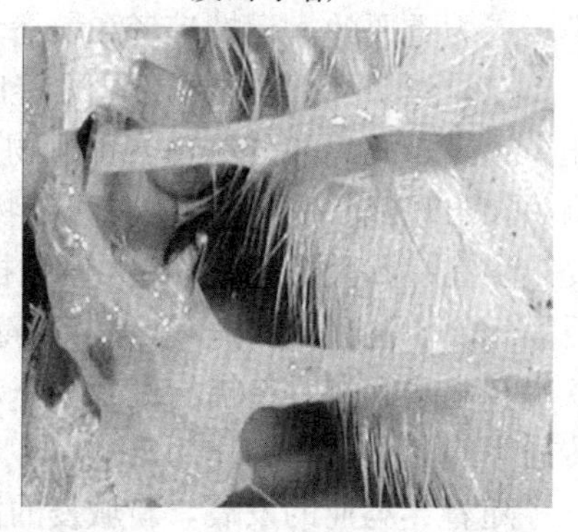

图 2－2　鸡新城疫急性型：嗉囊内充满酸臭黏液，倒提可从口腔中流出

的小鸡病程较短，症状不明显，病死率高。母鸡产蛋停止或产软壳蛋。

（3）亚急性或慢性型　初期症状与急性相似，不久渐见减轻，但同时出现神经麻痹、瘫痪（图 2－3），病鸡翅腿麻痹，头颈向后向一侧扭转，呈扭颈观星姿势（图 2－4），一般经 10～20 天死亡。此型多发生于流行后期的成年鸡，病死率较低。母鸡产蛋停止或产软壳蛋。

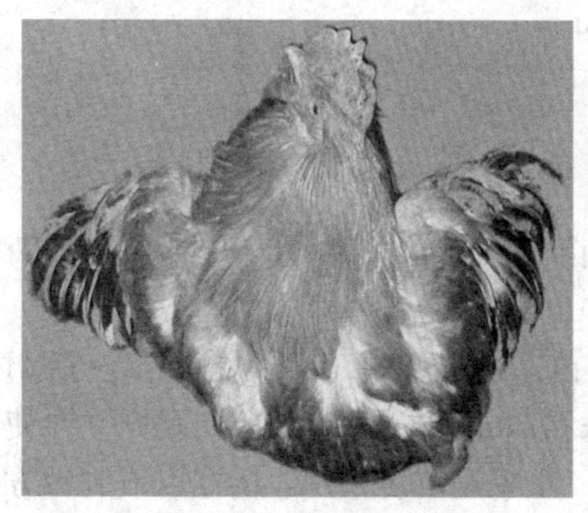

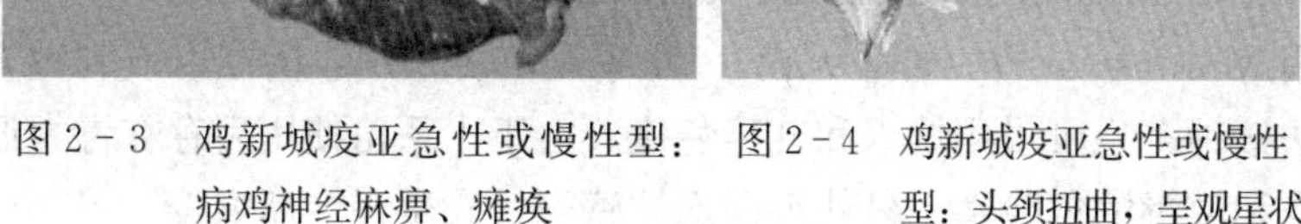

图 2－3　鸡新城疫亚急性或慢性型：病鸡神经麻痹、瘫痪

图 2－4　鸡新城疫亚急性或慢性型：头颈扭曲，呈观星状

鸡新城疫的典型病理变化是全身黏膜和浆膜出血，淋巴系统肿胀、出血和坏死（彩图 8），尤其以消化道和呼吸道最为明显。嗉囊充满酸臭味液体和气体。腺胃黏膜水肿，其乳头或乳头间有鲜明的出血点（图 2－5、彩图 9），或有溃疡和坏死，肌胃角质层下也常见有出血点。由小肠到直肠黏膜有大小不等的出血点（图 2－6），肠黏膜上纤维素性坏死性病变，有的形成假膜，脱落后即成溃疡。盲肠扁桃体常见肿大、出血和坏死。气管出血或坏死，周围组织水肿。肺瘀血或水肿。心冠脂肪有针尖大小的出血点。产蛋母鸡的卵泡和输卵管显著充血，卵泡膜极易破裂引起卵黄性腹膜炎（彩图 10）、泄殖腔出血（彩图 11）。

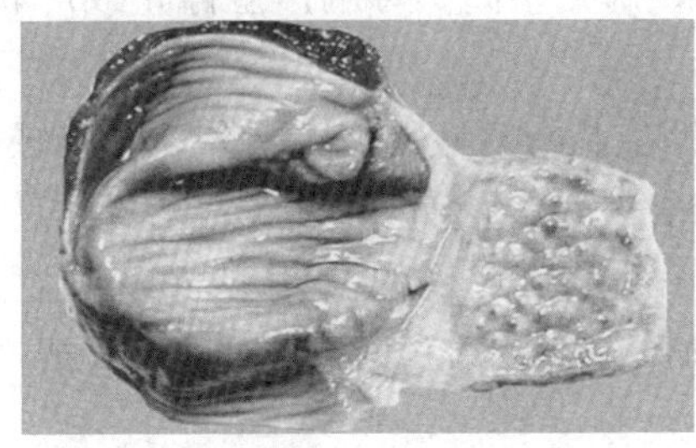

图2-5　鸡新城疫：腺胃黏膜水肿，其乳头或乳头间有鲜明的出血点

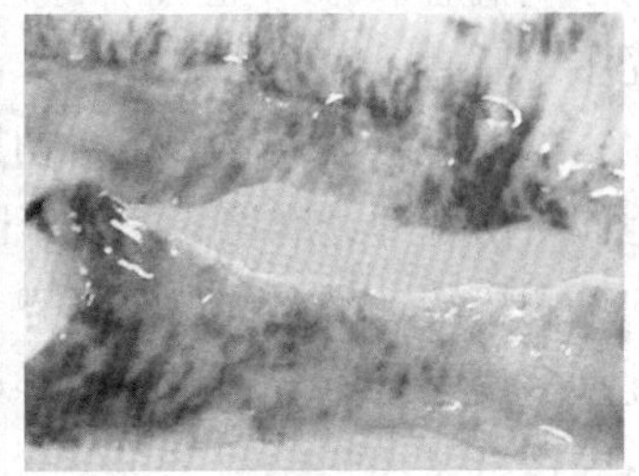

图2-6　鸡新城疫：肠黏膜有大小不等的出血点

60 常用的鸡新城疫疫苗有哪几种？如何使用？

目前我国使用的新城疫疫苗主要有Ⅱ系苗（HBI株）、Ⅲ系苗（F株）及Ⅳ系苗（La Sota株）。

（1）新城疫中等毒力的疫苗　新城疫中等毒力的疫苗包括H株、Roakin株、Mukteswar株和Komorov株等，前期我国主要使用Mukteswar株（即Ⅰ系苗）。Ⅰ系疫苗多采用肌内注射或刺种方法接种，也可采用饮水和气雾免疫。由于Ⅰ系苗使用后存在毒力返强和散毒的危险性，易使鸡群隐性感染，发生慢性新城疫。

Ⅰ系苗注射后应激较大，对产蛋高峰鸡群有一定影响，幼龄鸡使用后会引起较重的接种反应，甚至发病和排毒。

（2）新城疫弱毒力的活苗　Ⅱ系疫苗、Ⅲ系疫苗、Ⅳ系疫苗和V_4疫苗都是属于弱毒力的活苗，大小鸡均可使用，适用于初生雏鸡。多采用滴鼻、点眼、饮水及气雾等方法接种，接种后7～9天产生免疫力。初生雏鸡的免疫期为3～4个月，5个月以上的成鸡为1年。对于大群雏鸡可用Ⅲ系苗或Ⅳ系苗作饮水免疫，也可作气雾免疫，但最好在2月龄以后采用，以减少诱发呼吸道疾病。

① Ⅱ系疫苗。安全性高，使用后无临床反应，适用于各种年龄鸡只免疫，特别是雏鸡免疫。接种后6～9天产生免疫力，免疫期3个月以上，但因多种因素影响，免疫期常达不到3个月。本疫

苗可用滴鼻、点眼、饮水、气雾等方法免疫。Ⅱ系苗免疫原性较差，不能克服母源抗体的干扰，保护力不强，如遇强毒感染，对鸡群不能完全保护。据报道，在新城疫强毒流行的地区，1月龄雏鸡用Ⅱ系苗免疫1其保护率仅为10%。

② Ⅲ系疫苗。其特点与Ⅱ系苗相似，主要用于雏鸡免疫，其免疫途径为滴鼻、点眼、饮水、气雾和肌内注射，但可引起一过性的轻微呼吸道症状。

③ Ⅳ系疫苗。毒力较Ⅱ系苗、Ⅲ系苗强，因其免疫原性好，可以突破母源抗体，抗体效价高，适用于各种年龄鸡只的免疫，目前世界各国广泛应用于雏鸡免疫。通常采用滴鼻、点眼、饮水方式免疫，也可用作气雾免疫。由于其本身仍有一定的病原性，首免不能采用气雾免疫，否则会导致上呼吸道敏感细胞的病理损伤，增加病原菌的继发感染。对慢性呼吸道疾病存在的鸡群，采用气雾免疫易激发慢性呼吸道疾病的暴发。

④ V_4（耐高温株）疫苗。具有良好的安全性、免疫原性和耐热性，可常温保存，在22～30℃环境下保存60天其活性和效价不变。V_4疫苗可以通过饮水、滴鼻、肌内注射等方式免疫。V_4疫苗还具有自然传播性，能通过自然途径免疫在鸡群中迅速传播，产生的血清抗体较高，具备抵抗强毒攻击的能力，是防制新城疫的理想弱毒株。V_4疫苗因使用效果较好，使用安全方便，目前在国外广泛应用，国内应用相对较少。

（3）克隆株疫苗　目前市售的主要有进口的Clone-30、N-29和国产的Clone-83、N-88等几种，其中Clone-30应用较广。

Clone-30毒力低，安全性高，免疫原性强，不受母源抗体干扰，可用于任何日龄鸡。一般进行滴鼻、点眼、肌内注射，免疫后7～9天即可产生免疫力，免疫持续期达5个月以上。

（4）灭活疫苗　来源于感染性尿囊液，用β-丙内酯或福尔马林杀灭病毒后再用氢氧化铝胶吸附，或制成灭活油佐剂疫苗，目前以油乳剂灭活苗应用较多。油乳剂灭活苗不含活的病毒，使用安全，且经加入油佐剂后免疫原性显著增强，受母源抗体干扰较少，能诱发机体产生坚强而持久的免疫力。一般接种后10～14天产生免疫力，免疫后产生的抗体高于活疫苗且维持时间长。由于油乳剂灭活苗成本较高，必须通过注射方法（皮下或肌内注射）免疫接种，故在使用上受到一定限制。但其使用方便，可以在常温下运输和保存，且安全可靠，免疫期长，目前应用越来越普遍。

61 发生非典型新城疫时，为什么要先用3天药物再接种疫苗，而不是直接接种疫苗？

当发现有非典型新城疫疾病时，只是个别鸡显示新城疫症状，但大群极有可能是在潜伏期（因为潜伏期不显示症状）。如果在潜伏期使用疫苗将会造成极高的死亡率。所以，当发生有非典型新城疫症状时，最好使用3天抗病毒药物提高抗体，以渡过潜伏期，再使用疫苗更为安全。可用La Sota系疫苗根据鸡日龄的大小，做3～6倍量的紧急接种。同时，应用抗生素类药物，预防控制继发感染细菌性疾病，减少死亡率。

62 鸡新城疫综合防制措施有哪些？

鸡新城疫仍是目前养鸡业中危害最严重的一种传染病，死亡率较高，经济损失也较大，且本病迄今尚无特效治疗药物，主要依靠建立并严格执行各项预防制度和切实做好免疫接种工作，以防本病的发生。鸡新城疫综合防制措施主要包括以下几方面：

（1）加强饲养管理，定期消毒和严格检疫　饲养密度适当，通风良好，选用优质全价饲料。保持饲料、饮水清洁，饲料来源安全，适当增加维生素含量。严禁从疫区引进种蛋和雏鸡。鸡场进出口设消毒池，进出人员和车辆需经消毒，鸡场、鸡舍和饲养用具要定期消毒。新购进的鸡不可立即与原来的鸡合群饲养，要单独喂养1个月以上，证明确实无病并接种疫苗后，才能合群饲养。

（2）定期接种疫苗　生产中可参考如下免疫程序：雏鸡7日龄，用弱毒苗进行首免，即Ⅱ系苗、Ⅲ系苗、Ⅳ系苗用蒸馏水或生理盐水稀释后，用滴管滴入 2～3 滴于鼻孔或眼睛内，初生雏鸡免疫期为3～4 个月；24～26 日龄用Ⅳ系苗饮水进行二免；2 月龄以上的鸡用Ⅰ系苗进行三免；4 月龄时再次用Ⅰ系苗进行四免。

（3）做好免疫抗体监测　上述免疫程序是根据一般经验制定的，如果饲养规模较大，最好每隔 1～2 个月在每栋鸡舍中随机抓 20～30 只鸡采血，或取同一天产的 20～30 枚蛋，用血清或蛋黄做红细胞凝集抑制试验，测出抗体效价。根据鸡群抗体效价的高低，决定是否需要再进行免疫接种。一次免疫接种后，鸡群抗体效价持续上升，当达到一定水平后又缓慢下降，当抗体效价下降到 8 倍时，很难抵抗野毒感染，应立即再次进行免疫接种。

（4）发病后紧急接种　鸡群一旦暴发鸡新城疫，可应用大剂量鸡新城疫Ⅰ系苗紧急接种，即作 100 倍稀释，每只鸡胸肌注射 1 毫升。对注射后出现的病鸡一律淘汰处理，死鸡焚烧，并应严密封锁，经常消毒，至本病停止死亡后半月，再进行一次大消毒，而后解除封锁。

（5）提高免疫效果，控制并发感染　在饲料或饮水中添加电解多维和免疫增强剂，降低应激反应、提高免疫效果。免疫后 2～3 天得不到有效控制的，可能是并发或继发其他疾病，投喂黄芪多糖等抗病毒药物及其他抗菌药，控制并发感染。据报道，仙人掌中含抗鸡新城疫病毒物质，可将仙人掌捣碎，让鸡采食，喂 3～5 次。

63 怎样区分新城疫与禽霍乱？

新城疫与禽霍乱的区别见下表：

项　目	禽霍乱	新城疫
流行病学	鸡、鸭、鹅同时发病死亡	鸡发病
临床症状	急性病例，嗉囊充满食物，无神经症状，病程短促	嗉囊充满气体和液体，慢性病例会出现扭头颈等神经症状

（续）

项　目	禽霍乱	新城疫
剖检病变	病鸡心包内积有多量淡黄色液体，心外膜出血，肝表面有灰白色坏死点，气囊和肠管表面常有黄色干酪样渗出物	肝脏没有坏死点，腺胃和肌胃角质膜下常有出血或溃疡
治疗	用磺胺类药物或抗生素治疗有一定效果	磺胺类药物或抗生素治疗无效

64 禽流感有什么危害？是怎么流行传播的？

禽流感是禽流行性感冒的简称，是由A型禽流行性感冒病毒引起的一种禽类（家禽和野禽）传染病。根据禽流感致病性的不同，可以将禽流感分为高致病性禽流感、低致病性禽流感和无致病性禽流感。禽流感暴发，特别是高致病性禽流感暴发，对禽类产业和饲养主可造成毁灭性的打击。H5N1病毒在鸟类中的传染性极强，而且极易传播给其他动物种群。这种高致病性禽流感病毒的广泛传播，增加了人类感染的概率。如果人体同时感染人类流感病毒和禽流感病毒，病毒就可能在人体内重组，形成一种适合在人体生存且能实现人和人之间传播的新型流感病毒，那将会给人类健康带来巨大威胁。

禽流感的传播方式有病禽和健康禽直接接触和病毒污染物间接接触两种（图2－7）。禽流感病毒存在于病禽和感染禽的消化道、呼吸道和禽体脏器组织中。因此，病毒可随眼、鼻、口腔分泌物及粪便排出体外，含病毒的分泌物、粪便、死禽尸体污染的任何物体，如饲料、饮水、鸡舍、空气、笼具、饲养管理用具、运输车辆、昆虫以及各种携带病毒的鸟类等均可机械性传播。健康禽通过呼吸道和消化道感染，引起发病。高致病性禽流感主要发生在禽类，在禽类之间传播（图2－8），一年四季均可发生，但以冬春季节多发。各种品种和不同日龄的禽类均可感染高致病性禽流感，发病急、传播快，其致死率可达100％。

图 2-7　禽流感主要以接触病死禽及排泄物传染

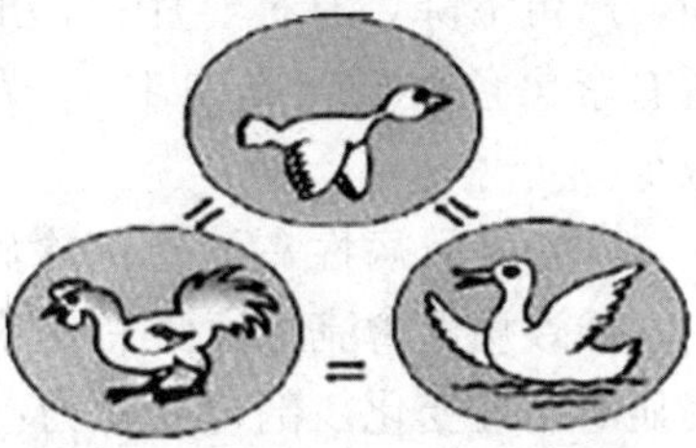

图 2-8　禽流感主要发生在禽类，在禽类之间传播

65 高致病性禽流感的发生与家禽的年龄、性别、品种有关系吗？会经蛋传播吗？

许多家禽如鸡、火鸡、珍珠鸡、鹌鹑、鸭、鹅等都可感染发病，但以鸡、火鸡、鸭和鹅多见，火鸡和鸡最为易感，发病率和死亡率都很高；鸭和鹅等水禽的易感性较低，但可带毒或隐性感染，有时也会有大量死亡。各种日龄的鸡和火鸡都可感染发病死亡，而对于水禽如雏鸭、雏鹅死亡率较高。尚未发现高致病性禽流感的发生与家禽性别有关。

高致病性禽流感在禽群之间的传播主要依靠水平传播，如空气、粪便、饲料和饮水等；而垂直传播的证据很少，但通过试验表明，试验感染鸡的蛋中含有流感病毒。因此不能完全排除垂直传播的可能性，故不能用来自污染鸡群的种蛋作孵化用。

66 禽流感的临床症状与剖检病变有哪些？

按病原体的类型，禽流感可分为高致病性、低致病性、非致病性。高致病性禽流感发病率、死亡率高，感染的鸡群常常“全军覆没”；低致病性禽流感可使禽类出现轻度呼吸道症状，食量减少，产蛋量下降，出现零星死亡；非致病性禽流感不会引起明显的症状，仅使传染的禽体内产生病毒抗体。

（1）禽流感临床表现以呼吸道和消化道症状为主，排黄绿色粪便，产蛋下降，有神经症状，角弓反张，一般头部肿大，冠及肉髯有紫黑色血斑（彩图 12），跖部鳞片出血（图 2-9），饮水量减少。

（2）高致病性禽流感剖检病变主要以消化器官出血、坏死为主；低致病性禽流感病变主侵泌尿生殖道；非致病性禽流感不引起明显的病理变化。剖检变化为：脸部肿胀（图 2-10）；腿部皮下水肿（图 2-11）；冠髯水肿、发绀（图 2-12）；心肌肿胀，表面散在出血点（彩图 13、彩图 14）；口腔、喉头、气管和皮下组织出血（彩图 15、彩图 16），气管有黏稠分泌物；小肠出血呈不规则块状（彩图 17）；脾脏肿大出血（彩图 18）；腺胃乳头肿大出血，腺胃与肌胃交界处有出血带（图 2-13）；卵黄破裂和萎缩，伴有腹膜炎（图 2-14）。

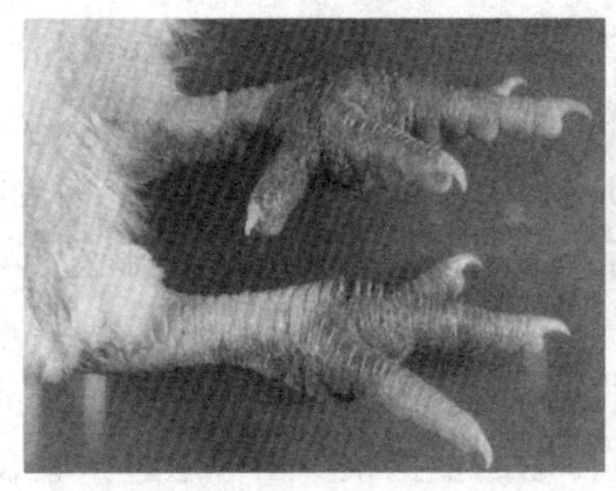

图 2-9　禽流感：爪鳞出血

图 2-10　禽流感：脸部肿胀

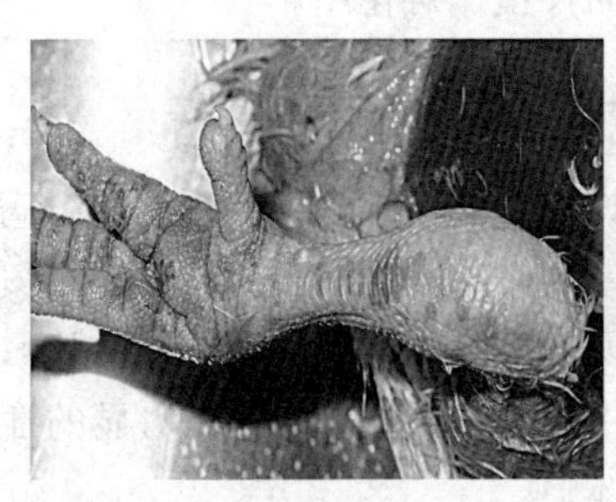

图 2-11　禽流感：腿部皮下水肿

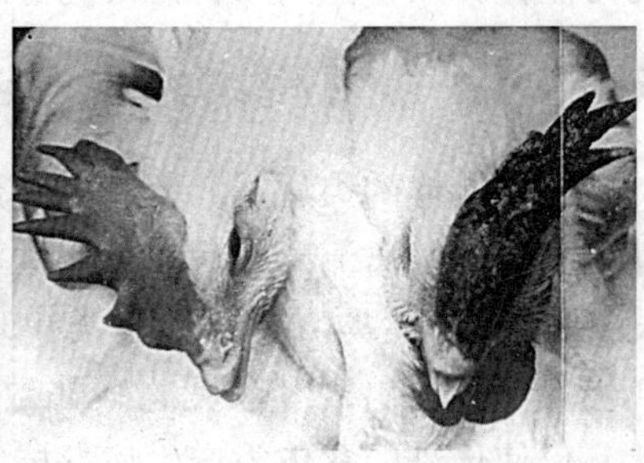

图 2-12　禽流感：冠髯发绀、肿胀

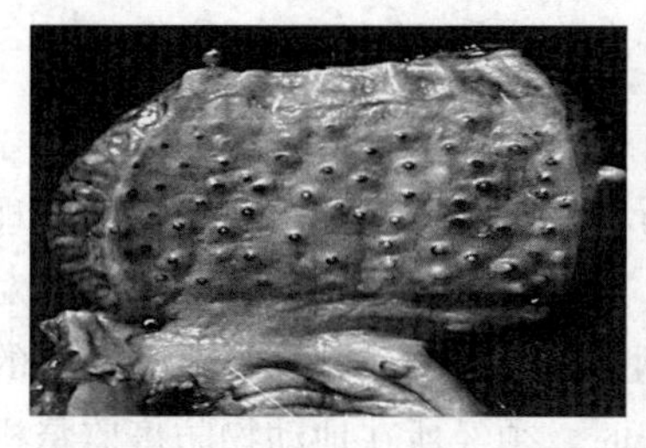

图 2－13　禽流感：腺胃乳头肿大出血

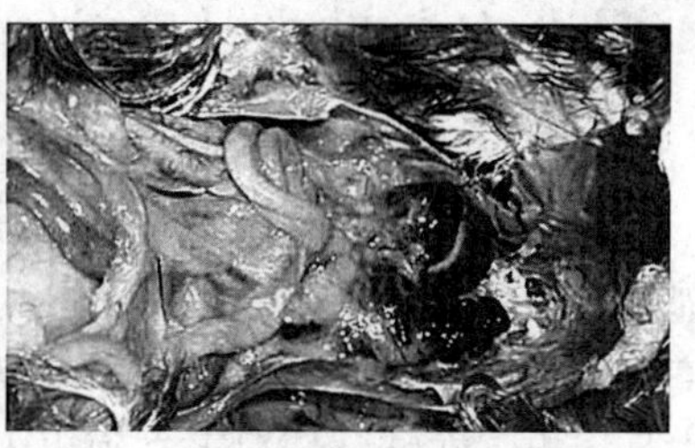

图 2－14　禽流感：卵黄破裂和萎缩，伴有腹膜炎

67 高致病性禽流感的临床症状与一般新城疫有何区别？

急性感染的禽流感无特定临床症状，在短时间内可见食欲废绝、体温骤升、精神高度沉郁，伴随着大批死亡。

新城疫与禽流感有明显的区别。它们的病毒种类不同，禽流感病毒是正黏病毒科。新城疫病毒是副黏病毒科，感染后可见典型临床症状：潜伏期较长，有呼吸道症状，下痢，食欲减退，精神委顿，后期出现神经症状。具体临床症状与剖检病变区别见表 2－1。

表 2－1　鸡新城疫与禽流感临床症状及剖检病变区别

禽流感	排黄绿色粪便，产蛋下降，有神经症状，肿头，冠、肉髯有紫黑色血斑，跖部鳞片出血，饮水量减少等，常见眼结膜炎与持续高热 腺胃乳头肿大出血，腺胃与肌胃交界处有血带，气管有黏稠物，卵黄破裂和萎缩，伴有腹膜炎，皮下胶冻样浸润
鸡新城疫	排黄绿色粪便，产蛋下降，有神经症状，无肿头，冠、肉髯无紫黑色血斑，跖部鳞片不出血，饮水量不会减少，甚至还会增加 腺胃乳头出血，肌胃角质膜枣核状出血和溃疡灶，泄殖腔弥漫出血，气管内环状出血，心冠脂肪不会有血点，皮下一般无胶冻样浸润等

68 发生高致病性禽流感时，养殖户需要做什么工作？

发生高致病性禽流感时，由所在地县级以上畜牧兽医行政管理部门划定疫点、疫区、受威胁区。对疫点出入口设消毒设施，并对疫区实行封锁。严禁人、禽、车辆进出和禽类产品及可能受污染的物品运出，在特殊情况下必须出入时，须经所在地动物防疫监督机构批准，经严格消毒后，方可出入。对疫区的交通要道建立动物防疫监督检查站，派专人监视动物和动物产品的流动，对进出人员、车辆须进行消毒。停止疫区内禽类及其产品的交易、移动。水禽必须圈养，或在指定地点放养。

确认为高致病性禽流感时，养殖户需要做如下工作：

（1）扑杀并无害化处理　首先需要配合并在动物防疫监督机构的监督指导下对疫点场内所有的禽只进行扑杀。同时，对所有病死禽、被扑杀禽及其禽类产品（包括禽肉、蛋、精液、羽、绒、内脏、骨、血等）投入焚化炉中烧毁炭化（图 2-15）；对于禽类排泄物和被污染或可能被污染的垫料、饲料等物品，均进行无害化处理（图 2-16）。

图 2-15　疫点禽只及其产品进行焚烧处理

图 2-16　对可能污染的物件进行无害化处理

（2）紧急免疫　对疫区和受威胁区内的所有易感禽类进行紧急免疫接种，登记免疫接种的禽群及其养禽场（户），建立免疫档案。

（3）消毒 对疫点场内禽舍、场地以及所有运载工具、饮水用具等必须进行严格彻底的消毒。可选用0.5%过氧乙酸、2%次氯酸钠、甲醛及火焰消毒，经彻底消毒2个月后，可引进血清学阴性的鸡饲养，如其血清学反应持续为阴性时，方可解除封锁。

69 是否有预防高致病性禽流感的疫苗？发生高致病性禽流感时要不要治疗？

禽流感是国家强制免疫计划中的防控重点。禽流感病毒血清亚型多、变异快是其固有特点。为满足高致病性禽流感的防控要求，2019年春季防疫，国家要求使用“重组禽流感病毒（H5+H7）三价灭活疫苗（H5N1 Re-11株+ Re-12株，H7N9 H7-Re2株）”新疫苗。

高致病性禽流感发病急，发病率和死亡率很高，目前尚无治疗办法。按国家规定，确诊为高致病性禽流感后，应该立即对3千米以内的全部禽只扑杀、深埋，其污染物做好无害化处理。这样可以尽快扑灭疫情，消灭传染源，减少经济损失，是目前扑灭禽流感的有效手段，应该坚决执行。

70 当前养鸡场应做好哪些工作来预防禽流感？

加强饲养管理是预防所有动物传染病的前提条件，只有在良好的饲养管理下才能保证鸡只处于最佳的生长状态并具备良好的抗病能力。从禽流感预防角度来说，必须将饲养管理和疾病预防作为一个整体加以考虑，通过采取严格的管理措施，如养殖鸡舍的隔离、环境消毒、控制人员和物品的流动等，防止鸡群受到疾病的危害。故在日常饲养工作中应做好以下工作来预防禽流感的发生。

（1）除了做好平时的防疫工作外，还要及时备好预防禽流感的消毒药物，增加鸡舍消毒的密度，每周用0.1%过氧乙酸溶液消毒1次。

（2）严格控制鸡场饲养人员及管理人员的外出，尽量少去或不去农贸市场，以减少与场外家禽的接触。因特殊情况需外出的人员，返回鸡场后，要及时洗澡、更衣、消毒后方能进入禽场。

(3) 非场内工作人员一律不准进入鸡场。饲养人员回场时，需要经过消毒后才能进入鸡场。

(4) 加强对场内鸡群的动态观察，发现异常，及时向有关领导报告。

(5) 鸡群发病时，不要请地方兽医人员进入场内诊治。必须进行会诊时，可在场外适宜的地方进行，由鸡场管理人员介绍发病情况，病死鸡要用多层塑料袋严密封装后到指定地点解剖，事后对解剖现场要进行彻底消毒。

(6) 各鸡场在本病流行未平息之前，不要引进新的鸡群。

(7) 严格执行科学的免疫程序以预防禽流感的发生。

71 禽流感的免疫程序有哪些？

制定科学的免疫程序对控制禽流感的发生具有重要意义，通过分析大量的抗体检测结果，建议养殖场（户）按照以下免疫程序免疫鸡群：

(1) 种鸡、蛋鸡　10～14 日龄，每只肌内注射0.3～0.4 毫升；28～30 日龄，每只肌内注射 0.5～0.6 毫升；以后每 3～4 个月加强免疫一次，每只 0.5～0.6 毫升。

(2) 肉鸡（中、慢速型）或阉鸡　10～14 日龄，每只肌内注射 0.3 毫升；30～35 日龄，接种第二次，每只0.5～0.6 毫升；80～90 日龄，接种第三次，每只 0.5～0.6 毫升。

72 禽流感综合防制措施有哪些？

近来禽流感在我国部分省地时有发生，给养殖场（户）带来较大经济损失和心理恐慌。禽流感作为一种家禽烈性传染病，从 1878 年首次报道到现在已经有 100 多年历史，国内外已有成熟的防治禽流感经验，养殖场（户）只要积极采取科学合理的综合生物安全措施和手段，严格执行免疫程序，就能够对禽流感进行有效预防，避免禽流感的发生。

（1）加强养殖场的综合防疫管理　强化隔离措施，加强对人员、车辆和物品等最具流动性病毒携带者的控制。首先，严禁来自疫区的人员、车辆及物品进入场内，对非疫区车辆进行严格地消毒，物品需紫外线照射10分钟后才允许进入。其次，减少饲养人员流动，进入鸡舍人员需更换工作服、脚踩消毒垫或消毒盆后方可进入。再次，在购买饲料时，要选择有信誉的经销商，杜绝饲料及包装携带病毒；销售鸡蛋和淘汰鸡时，要禁止运输车辆和人员接近养殖区，尤其注意包装。最后，在窗户、天窗、排风口等处用铁丝隔网密封，防止家禽和野生鸟类的接触传播。

严格执行净化消毒程序，坚持定期消毒原则。外环境消毒药（火碱、次氯酸钠、过氧乙酸、甲醛等）更换使用，避免产生耐药性；内环境带鸡消毒选择刺激性较小的消毒药，比如季铵盐类、安普杀等消毒药，最大限度地减少环境中的各类病原；同时，注意保证饮水的清洁，每周对饮水系统用高锰酸钾消毒一次，保证饮水管无菌。

（2）必须采取有效的免疫接种　有效的免疫接种是当前预防禽流感的最有效方式。

① 慎重选择疫苗。具有良好保护率的疫苗在禽流感的防治工作中起着非常重要的作用。实践证实，接种过疫苗的家禽在受到野毒禽流感袭击时具有很好的保护率。在进行疫苗选择时，必须选择经农业农村部正式批准的禽流感疫苗定点生产企业的产品。

② 及时进行抗体检测。禽流感的检测是一项非常重要的工作，及时了解鸡群流感抗体的消长规律对禽流感的防治起着举足轻重的作用。规模养殖场必须实时监测，以检测免疫效果和确定准确的再免时间。疫苗免疫后的2～3周，就可以检测到抗体值。对禽流感H_5的检测，从10日龄（免疫当天）开始，每半月进行一次，直至鸡群165日龄以后每月检测一次，以便及时掌握抗体变化情况，为免疫程序的制定提供科学依据。以后根据抗体检测结果进行适时免疫（H_5抗体值接近5时进行免疫）。

（3）加强饲养管理　加强饲养管理，避免应激因素的产生，提高鸡群体质，增强鸡群疾病抵抗力。健康的鸡群是控制禽流感的基础。当前要做好以下工作：首先做好鸡舍冬天的保暖，保证温度的稳定。其次要提供优质、营养均衡的饲料，避免使用劣质饲料；自配料时，特别是要控制好新玉米的用量和水分含量，避免营养失衡，影响鸡群正常产蛋和体质下降。还要减少日常饲养管理中的鸡群应激因素，同一时间内，坚决避免两次应激的产生。最后注意保持鸡舍环境卫生，及时打扫鸡舍卫生，清理舍内鸡粪，注意通风换气，保持空气新鲜。

综上所述，禽流感虽然属于传染性强、危害性大的烈性传染病，但是作为一种传染病，只要正确地认识它，采用科学、有效的防治办法，一定能预防、控制甚至消灭禽流感。

73 鸡传染性支气管炎有什么流行特点?

鸡传染性支气管炎是由传染性支气管炎病毒引起的一种急性、高度接触性呼吸道传染病。近年来，肾病变型鸡传染性支气管炎在我国各地较为流行，给养鸡业造成巨大的损失。

该病具有如下流行特点：鸡是本病唯一的自然宿主。自然情况下，传染性支气管炎病毒只感染鸡并引起发病，但不同品种和品系鸡的易感性有所不同。6 周龄以下的雏鸡症状较为明显。传染源主要是病鸡和康复后的带毒鸡，病鸡呼吸道分泌物和咳出的飞沫中含有大量病毒，粪便和蛋中也带毒，同群鸡之间高度接触传染，户与户、场与场之间主要是人员和空气中的灰尘作传播媒介。对雏鸡来说，饲养管理不良，特别是鸡群拥挤、空气污染、地面肮脏潮湿，湿度忽高忽低、饲料中维生素和矿物质不足等，容易诱发本病。对于成年鸡，饲养管理好坏和发病的相关性不如雏鸡明显。

本病的发生有明显的季节性，一般多发生于冬季，但一年四季均可发生。各种应激、支原体和大肠杆菌等并发或继发感染时会明显加重病情和增加死亡。

74 鸡传染性支气管炎有哪些症状和剖检病变?

鸡传染性支气管炎以幼鸡气喘、气管啰音、咳嗽打喷嚏为主要特征（图 2-17）；成鸡以产蛋下降、产软皮蛋和畸形蛋为主要特征。临床症状和剖检病变主要表现为以下几点：

（1）幼龄鸡、产蛋鸡及肾病变型的临床症状有轻重之别

① 肾病变型传染性支气管炎。多发生于 20～60 日龄的幼鸡，可引起肾炎、肠炎、下痢等症状（图 2-18），而呼吸系统的症状不一定出现。受感染的鸡群整群突然发病，在 2～3 天内逐渐加剧，病鸡精神沉郁，羽毛松乱，扎堆，怕冷，食欲减少或废绝，排灰色稀粪并沾满肛门周围的羽毛上，后期有脱水表现，脚爪干枯，体重明显减轻，约于感染 10 日后大批死亡。如继发慢性呼吸道疾病和大肠杆菌病，死亡率可高达 60%～70%。

图 2-17　传染性支气管炎：病鸡精神沉郁，呼吸困难

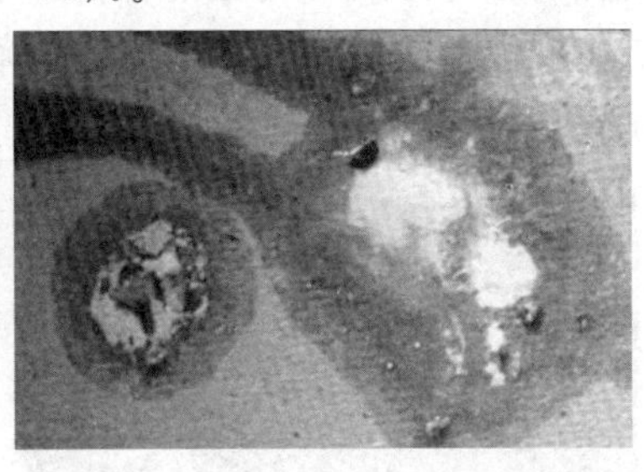

图 2-18　传染性支气管炎：幼鸡肠炎下痢，排灰白色稀粪

② 雏鸡传染性支气管炎。发病日龄多在 5 周龄左右。其特点为全群几乎同时发病，发病时即表现明显呼吸系统症状，如流鼻液、流泪、咳嗽、打喷嚏、呼吸困难、气管啰音，呼吸时发出一种特殊的喘鸣声，夜间听得更清楚。有时可表现为伸颈和张口呼吸，以后逐渐出现精神沉郁、羽毛松乱、怕冷扎堆、食欲减退及体重减轻等全身表现（图 2-19），与肾病变型传染性支气管炎的主要区别是雏鸡传染性支气管炎的病程较短（5～10 日），死亡较低（10%以下）以及无明显腹泻症状。此外，雏鸡早期感染传染性支气管炎病毒，有的可造成输卵管的持久性损伤，从而严重影响成年后的产蛋率。

③ 产蛋鸡的传染性支气管炎。主要表现在呼吸道症状和全身

症状，继而出现产蛋率下降和产畸形蛋（图 2－20）。呼吸道症状及全身症状与雏鸡相似，但较轻，如无继发感染，约经 5 天症状可逐渐消失，死亡率较低。但产蛋量及品质下降，会造成较大经济损失。影响产蛋的程度与鸡在感染时所处的产蛋周期和感染的毒株有关。有的毒株可使产蛋率下降 50%，另一些则引起蛋壳颜色改变或产蛋率略有下降。青年产蛋鸡需 6～8 周恢复到接近正常的产蛋率，日龄较大的鸡恢复较慢，有些可考虑提前淘汰。畸形蛋在发病初期较少，发病 1 周后，呼吸道症状逐渐加重，软壳蛋、畸形蛋迅速增多，并持续较长时间。蛋壳由原来的棕色变为白色，薄而粗糙。这样的蛋打开后可见蛋清稀薄如水，蛋白与蛋黄分离（图 2－21），或出现蛋白黏壳等。蛋白质量下降是区别于产蛋下降综合征的重要依据。

图 2－19　传染性支气管炎：精神沉郁、羽毛松乱、怕冷扎堆

图 2－20　传染性支气管炎：产蛋率下降、产软壳蛋和畸形蛋

（2）主要病理变化在呼吸器官、母鸡生殖器官，肾病变型主要在肾脏和输尿管。

① 呼吸器官。病变主要集中在气管和支气管，气管黏膜充血潮红并有淡黄色透明的分泌物；有的在气管内有灰白色痰状栓子。鼻道和眶下窦有浆液性分泌物；气囊混浊，有渗出物；肺充血，水肿。

② 生殖器官。发育的卵泡充血、出血，萎缩变形。输卵管的长度和重量明显减少，有时变得肥厚、粗糙，局部充血、坏死。腹腔内有大量卵黄液。日龄越小，输卵管的变化越明显。

③ 肾病变型。肾脏严重肿大、苍白，肾小管由于变性、坏死以及尿酸盐蓄积而扩张，使肾脏呈花斑样外观（图 2-22）；输尿管由于尿酸盐沉积而变粗。慢性病例表现为尿石症，肾脏萎缩。严重病例，于腹膜、胸膜及心包膜也有白色尿酸盐沉积。

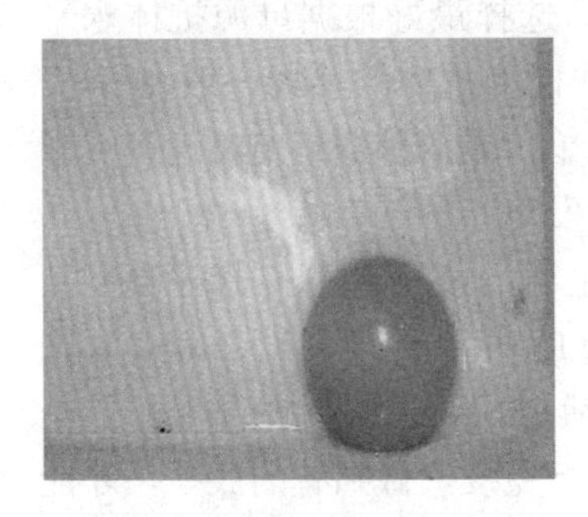

图 2-21 传染性支气管炎：蛋清稀薄如水，蛋白与蛋黄分离

图 2-22 传染性支气管炎：肾脏尿酸盐蓄积而扩张，呈花斑样外观

75 怎样防制鸡传染性支气管炎？

传染性支气管炎是养鸡过程中需要严格控制的主要传染病之一。现阶段由于该病传播迅速，危害极大，所以对于该病的控制方针主要是以免疫为主。鸡传染性支气管炎的防制包括以下几点内容：

（1）饲养管理 坚持严格的隔离、消毒等防疫措施是防制本病流行的有效方法。注意调整鸡舍温度，避免过挤和贼风侵袭。合理配合日粮，在日粮中适当增加维生素和矿物质含量，以增强机体抗病能力。由于带毒鸡是本病的主要传染源之一，故有易感性的鸡群切不可和病愈鸡或来路不明的鸡接触。严禁饲养员进入发病鸡舍或发病鸡场。

（2）免疫预防

① 对产蛋鸡在 1 周龄时用 H_{120} 首免，5 周龄时用 H_{52} 二免，开产前用 H_{52} 加强免疫。此外，产蛋种鸡在开产前 120～140 天接种

油乳剂灭活苗。

② 对商品代肉鸡多在1周龄时用H_{120}饮水，同时注射0.25毫升特定血清型的油乳剂灭活苗，或用H_{120}首免，4周龄时用H_{52}二免。

③ 首免日龄的选择。首免日龄的选择最好根据母源抗体水平的高低与消长规律来确定。没有条件检测抗体的鸡场一般在5～7日龄进行首免，运用传染性支气管炎单价或双价弱毒苗，滴鼻点眼操作。及时免疫可以防止早期感染和发病。

④ 疫苗的选择。现阶段市场上主要的疫苗有H_{120}（呼吸型）、H_{52}（呼吸型1月龄以上用）、Ma_5（呼吸型和肾型）、28/86（肾型），还有一些复合的双价疫苗或灭活苗。要根据当地发生的传染性支气管炎的类型选择合适的疫苗进行免疫，做到有的放矢，才能取得令人满意的免疫效果。

⑤ 降低免疫反应的措施。任何免疫都会对鸡群造成应激，形成免疫反应。一般的免疫反应只是呼吸道的轻微变化，经过3～5天即会自然恢复，个别的免疫反应过于强烈，会引发大群暴发疾病。尽量降低免疫反应成为免疫成功与否的关键问题，养殖实践中常用的措施主要有：免疫前后3～5天的饮水中添加双倍量优质的复合多维，降低免疫过程中的抓捕和局部的免疫刺激；在免疫当天育雏舍的温度提高2～3℃，可以防止鸡群聚集，使疫苗更快地发挥作用；合理使用免疫增效剂，如白介素、胸腺素等，可以明显降低各种疫苗引起的强烈疫苗反应，还可以延长抗体持续的时间和加快疫苗的反应速度，使抗体尽快地产生等。

（3）常用防治措施　鸡群发生传染性支气管炎后要积极地采取措施进行治疗，养殖实践中常用的防治措施主要有两种，分别是紧急免疫接种和积极抗病毒治疗。

① 紧急接种。在发病的早期或确诊的第一时间采用3倍量的弱毒疫苗进行大群饮水或注射免疫，可以控制疾病的发展，使大部分鸡群产生有效的抗体保护。进行紧急免疫接种的鸡群在免疫后的3～5天内可能会有大群死亡现象，这是正常现象，由于病情发展

的缘故，即使不进行免疫接种，也会发生死亡。

② 积极地采取药物治疗。防止各种继发感染而表现的严重呼吸道症状，如再配合氨茶碱、氯化铵等单独使用，对于呼吸道疾病的控制效果更明显。

中药防治验方一：板蓝根、山荆芥、防风、射干、山豆根、苏叶、甘草、地榆炭、桔梗、炙杏仁、紫菀、川贝母、苍术等准确称量后等量混合，经过充分的粉碎和过筛后搅拌均匀后备用。具体的使用剂量：按照每只成年鸡每天 2 克进行大群拌料，雏鸡减半剂量，连用 7～10 天，同时在饲料中配合小苏打 0.3%大群拌料，连用 3 周以上。

中药防治验方二：石膏 5 份，麻黄、杏仁、甘草、葶苈子、桔梗各 1 份，鱼腥草 4 份，混合均匀后粉碎拌料，预防量每千克体重 2～3 克，治疗量每千克体重 3～4 克，连用 7～10 天，发病早期使用，有较好的防治效果。

③ 辅助的防治措施。降低饲料中蛋白质水平，增加麸皮的用量，以减轻肾脏的负荷；口服肾肿解毒药消除肾肿，尽可能地降低死亡率；饲料或者饮水中长期添加维生素 C，减少鸡群的各种应激等。

76 鸡传染性法氏囊病有什么流行特点？

鸡传染性法氏囊病又称传染性法氏囊炎或腔上囊炎，是由传染性法氏囊病毒引起的一种急性、高度接触性传染病。

该病自然感染仅发生于鸡，各种品种的鸡都能感染。1～15 周龄的鸡都易感，其中以 3～6 周龄的鸡更易发病。成年鸡多呈隐性经过，雏鸡多呈急性经过，在短时间内同一鸡舍的鸡都可被感染，而邻近鸡舍的鸡在 1～3 周后也会被感染发病。发病率可高达 80%～100%，通常在感染后的第 3 天开始死亡，4～7 天死亡率达高峰，以后逐渐下降，死亡率一般在 13%～50%不等，雏鸡甚至高达 60%以上。

病鸡和带毒鸡是本病的传染源，病毒主要随病鸡粪便排出，污染饲料、饮水和环境，使同群鸡经消化道、呼吸道和眼结膜等感染；各种用具、人员及昆虫也可以携带病毒，扩散传播；本病还可经蛋传播。在一个鸡场里，最初暴发此病通常是最急性的，以后孵出的雏鸡再次暴发就不那么重了，因而常被忽视。

本病的流行不仅抑制或降低了雏鸡对多种疫苗（尤其是新城疫疫苗）的免疫应答，而且提高了病鸡对某些微生物的易感性。病鸡对沙门氏菌、大肠杆菌、葡萄球菌等细菌和新城疫病毒、腺病毒、呼肠孤病毒、传染性支气管炎病毒、传染性喉气管炎病毒等的易感性增高和被侵害程度增强。

77 鸡传染性法氏囊病的临床症状和剖检病变有何特点？

本病潜伏期很短，感染后 2～3 天出现症状，病程一般为 1 周左右，典型发病鸡群的死亡曲线呈尖峰式。早期表现为厌食，呆立，羽毛蓬乱，畏寒战栗等（图 2－23），继而部分鸡有自行啄肛现象，这可能是法氏囊痛痒的缘故。随后，病鸡排白色或黄白色水样便，肛门周围羽毛被粪便污染。急性者出现症状后 1～2 天内死亡，死前拒食、羞明、震颤。病鸡耐过后出现贫血、脱水消瘦（图 2－24）、生长缓慢、饲料利用率低等症状。当本病与曲霉菌病等混合感染时，病鸡不仅病情加重，死亡率升高，而且病程也加长。

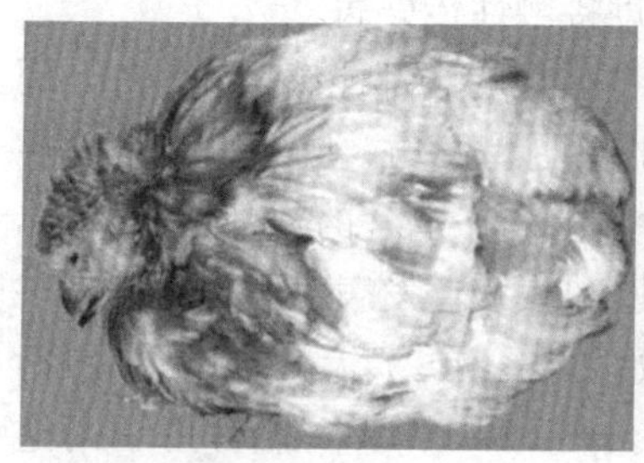

图 2－23　传染性法氏囊病：病鸡精神沉郁，羽毛松乱

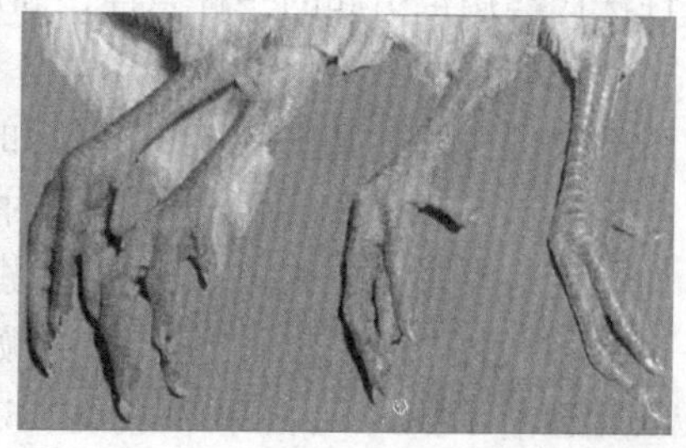

图 2－24　传染性法氏囊病：病鸡脱水，爪干燥无光

剖检病变主要有：病死鸡肌肉色泽发暗，大腿内外侧和胸部肌肉常见条纹状或斑块状出血（图 2－25）。腺胃和肌胃交界处常见出血点或出血斑。法氏囊病变具有特征性水肿，体积比正常大2～3倍，囊壁增厚，外形变圆，呈土黄色，外包裹有胶冻样透明渗出物（图 2－26、彩图 19、彩图 20）。黏膜皱褶上有出血点或出血斑，内有炎性分泌物或黄色干酪样物。随病程延长法氏囊萎缩变小，囊壁变薄，第 8 天后仅为其原重量的 1/3 左右。一些严重病例可见法氏囊严重出血，呈紫黑色如紫葡萄状（图 2－27）。肾脏肿大，常见尿酸盐沉积，输尿管有多量尿酸盐而扩张（图 2－28、彩图 21）。盲肠扁桃体多肿大、出血。

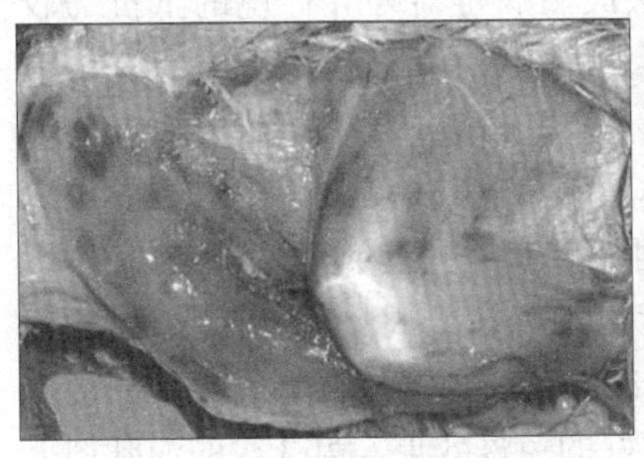

图 2－25　传染性法氏囊病：腿肌和胸肌出血，呈块状或条状

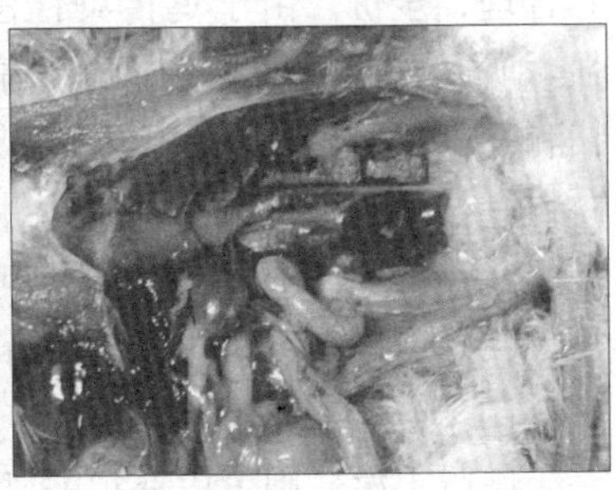

图 2－26　传染性法氏囊病：法氏囊浆膜面胶冻样水肿

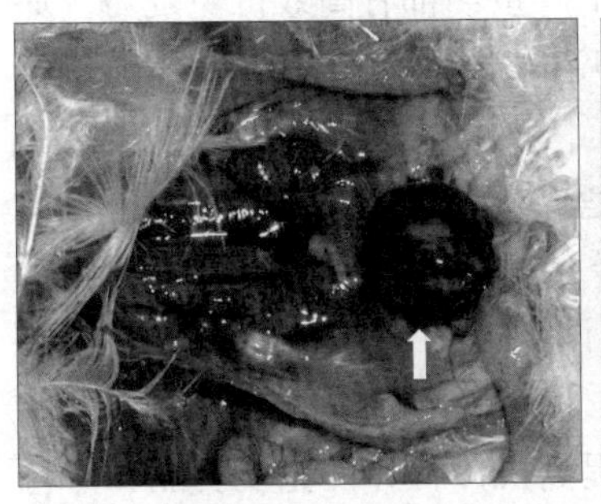

图 2－27　传染性法氏囊病：法氏囊出血呈紫葡萄样

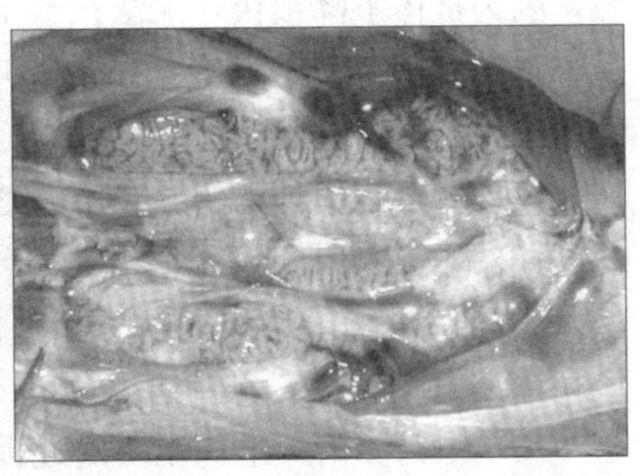

图 2－28　传染性法氏囊病：肾脏肿胀，有尿酸盐沉积

78 怎样防制鸡传染性法氏囊病？

目前，鸡传染性法氏囊病已遍布世界许多国家和地区，是危害养鸡业的主要疫病之一。其发病特点是发病率高，病程短，影响大，可诱发多种疫病或使多种疫苗免疫失败。

预防鸡传染性法氏囊病，必须采取包括加强饲养管理、严格消毒、免疫接种、应用抗病毒药物和抗菌药物等综合性的防制措施。近年来，广泛使用中草药制剂防制本病的发生和流行。

（1）加强饲养管理，搞好卫生消毒工作　同一栋鸡舍实行全进全出制，在管理上尽量避免一切应激因素，合理调配饲料，做到营养合理、全价。由于鸡传染性法氏囊病毒对外界环境的抵抗力较强，所以要选用对其敏感的消毒药。鸡舍在消毒前先进行彻底的清扫和冲刷，再用2%火碱或0.2%过氧乙酸或2%次氯酸钠、5%漂白粉进行喷洒，也可用福尔马林熏蒸。门前消毒池宜用2%的戊二醛溶液，每2～3周换1次，也可用1/60的菌毒净，每周换1次。

（2）免疫接种　有研究显示，种鸡在3周龄前接种弱毒疫苗，8～11周龄再用弱毒疫苗饮水1次，产蛋前3周再加强接种油乳剂灭活疫苗1次，则可以获得非常好的免疫效果。第3次的油乳剂灭活疫苗注射能引发“回忆现象”，而使整个产蛋期内皆有甚高的免疫抗体。若种鸡加强免疫使用弱毒疫苗，则效果不如油乳剂灭活疫苗，因为抗体下降很快，无法在整个产蛋期都有高效价免疫力。如果小鸡的亲代母鸡都已有完整的免疫，那么小鸡在2～3周龄时仅做一次弱毒疫苗饮水接种即可。

如果对于亲代种鸡的历史不清楚，或者小鸡的来源不相同，那么接种的方法就要改变。一般14～18日龄接种一次，必要时，21～26日龄进行第二次接种。如果该地区病毒毒力并不很强，在14～18日龄时接种一次即可。

（3）中药防治　中药主要通过提高机体特异性免疫功能和非特异性免疫功能，诱导内源性干扰等，提高鸡只整体抗病能力，干扰和控制病毒在宿主细胞的增殖而使病毒致病力减弱或不能致病，以控制疾病的发生和流行。目前，防治鸡传染性法氏囊病的中药方主要是：

① 藿香、银花、莱菔子、车前子、菊花、金钱草、黄芩（均等量），黄连（用半量），以100羽计算，10日龄之内上述中药各10～15克，20日龄之内各20～25克，100日龄以上各40克左右，可根据实情加减用药。每天1剂，每剂均煎3次，3次药汁混合后，分为2份，上、下午各1份，饮服或灌服。

② 紫草50克，板蓝根50克，绿豆500克，甘草50克，煎汤拌一次量饲料，或第一煎用于拌料，第二煎自由饮用。重症病鸡灌服每只3～5毫升，一剂供50只鸡使用，每天1次，连用3天。

③ 蒲公英200克，大青叶200克，双花200克，黄芩100克，黄柏100克，甘草100克，藿香50克，石膏50克，水煎自饮或灌服。

（4）鸡群发病后的治疗措施　若是育雏期发病，适当提高育雏温度3～5℃，可减少死亡；发病初期及时注射高免卵黄抗体，每只鸡1～2毫升，有较好疗效；饮水中加入抗生素、鸡肾肿解毒药和维生素C，防治继发感染，同时保护肾脏。

79 怎样区分鸡传染性法氏囊病和新城疫？

典型新城疫也有腺胃出血、盲肠扁桃体出血和法氏囊的病变，这些病变与法氏囊病相似，但法氏囊病没有呼吸道症状和神经症状，据此可以区分开来。

80 传染性喉气管炎有什么临床症状？怎样防治？

传染性喉气管炎是由疱疹病毒引起的一种急性呼吸道传染病，是集约化养鸡场的重要疫病之一，发病率高，死亡率一般在10%～20%。自然条件下，主要感染鸡，各种年龄均可感染，成年鸡感染尤为严重，且多表现出本病特征症状。本病常在成年鸡群或初产蛋鸡中先发现，突然有数只鸡死亡，经检查部分鸡流泪，结膜炎，鼻腔流出黏稠的渗出物，1～2天后出现特征性的呼吸道症状（图

2－29），如伸颈、甩头、张嘴、喘气，咳出带血的黏液（图2－30）。此外，还有食欲减退，精神委顿，鸡冠变紫等一般性的症状。在出现典型的呼吸道症状时，病鸡为排出气管内渗出物，发生强咳，咳出染血的气管渗出物；一旦渗出物堵塞气管，很快窒息死亡。幼龄鸡感染后症状较轻微（图2－31），仅表现结膜炎、气喘、呼吸啰音等，病死率低。

图2－29　传染性喉气管炎：病鸡呼吸困难，表现为头颈伸直，张口呼吸，常发出啰音

目前本病尚无特效疗法，只能加强预防和对症治疗。

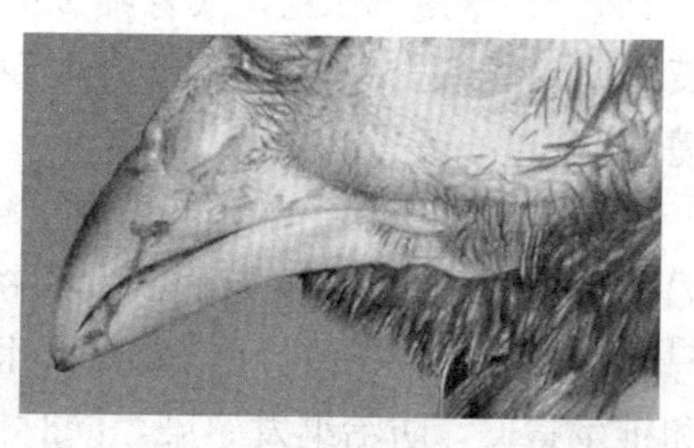

图2－30　传染性喉气管炎：病鸡剧烈甩头或呈痉挛性咳嗽，常咳出血性分泌物

（1）管理措施　坚持严格隔离、消毒等防疫措施是防止本病流行的有效方法。由于带毒鸡是本病的主要传染源之一，故易感鸡群切不可与病愈鸡和来路不明的鸡接触。

（2）蛋鸡场的免疫预防　污染的鸡场和受威胁的鸡场应在30日龄以前进行传染性喉气管炎疫苗的免疫接种，80～90日龄进行第二次免疫。非疫区鸡群不接种疫苗。

图2－31　传染性喉气管炎：温和型常表现为体弱、流泪、结膜、眶下窦肿胀

（3）紧急预防　在发病的初期用传染性喉气管

炎弱毒疫苗紧急接种，可控制疫情。紧急预防用的疫苗最好是毒力较强的疫苗，免疫的最佳方式是涂肛，即用硬质毛刷擦拭肛门黏膜。

（4）药物治疗

① 对呼吸困难的鸡可用氢化可的松和青霉素、链霉素混合喷喉，以缓解呼吸道症状，能大大降低死亡率。配方为：取氢化可的松2毫升、青霉素80万单位、链霉素100万单位，加生理盐水至20毫升，每只鸡0.5毫升。

② 板蓝根30克，双花15克，败酱草30克，连翘10克，桔梗10克，甘草5克，水煎浓缩待温，用玻璃注射器给每只鸡灌服10毫升，每天2次，一般用2剂。

③ 饲料中加倍添加多维，尤其是注意维生素A的添加或用水溶性的多维素饮水，消除应激反应。

81 鸡马立克病在临床上常见有几种类型？怎样防治？

鸡马立克病是由B群疱疹病毒引起的鸡淋巴组织增生性、高度接触性传染病。其特征是周围神经、内脏器官、虹膜和皮肤等发生淋巴细胞浸润和形成肿瘤。马立克病引起的经济损失十分惊人，被列为养鸡业三大疾病之首。

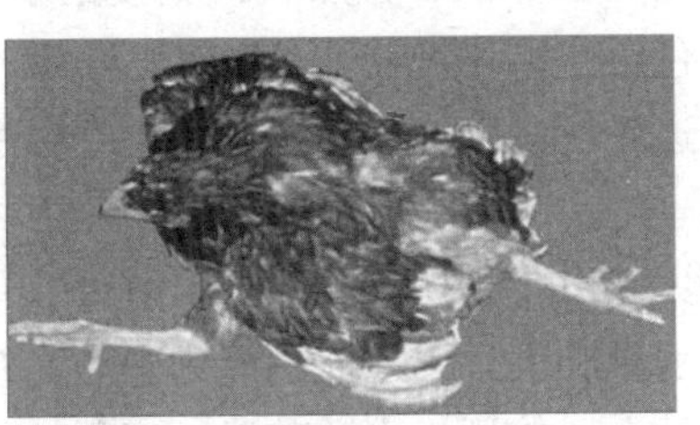

图2-32 马立克病：神经损伤而不能站立

（1）临床症状及剖检病变 本病的潜伏期长短不一，一般为3周左右，根据发病部位和临床症状可分为四种类型，即神经型、眼型、内脏型和皮肤型，有时也可混合发生。

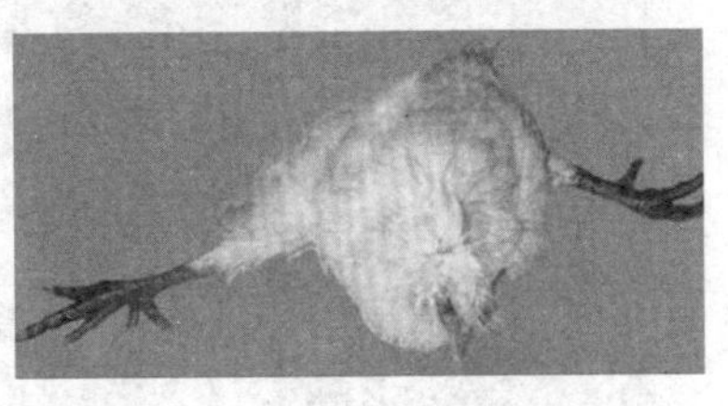

图2-33 马立克病：病鸡呈劈叉姿势

① 神经型（图2-32、图2-33）。多见于弱毒感染或马立克病火鸡

疱疹病毒疫苗免疫失败的青年鸡（2～4月龄），主要侵害外周神经，造成不全或完全麻痹，可发生在机体一个或数个部位，通常多发生在两翅和两腿，多为一侧。腿横卧、劈叉，姿势有特征性；翅下垂，抱地而行。

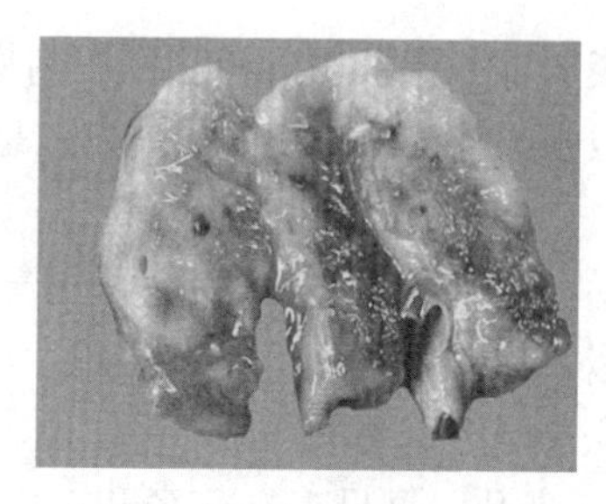

图2－34　马立克病：肺脏切面完全肿瘤化

② 内脏型（图2－34、图2－35、彩图22、彩图23）。幼龄鸡多发，内脏器官发生肿瘤，缺乏特征性症状，突然发病，流行迅速，病程短，死亡率高。

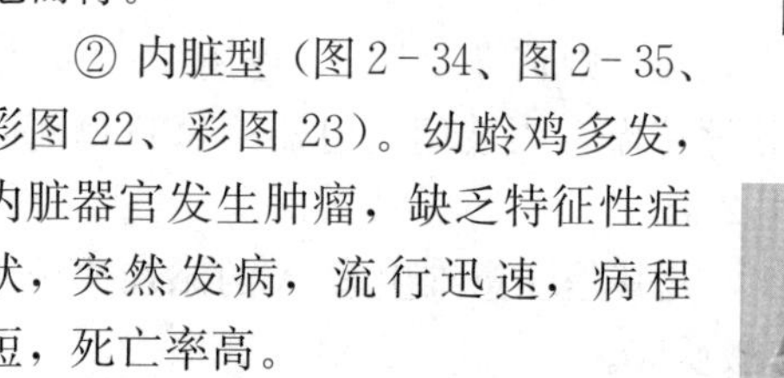

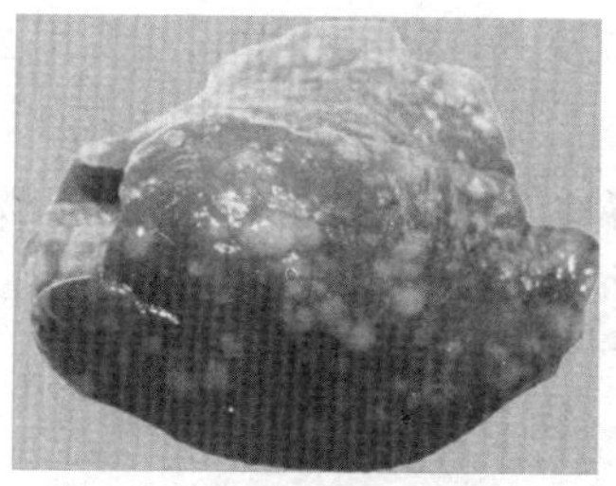

图2－35　马立克病：肝脏弥漫性肿瘤结节

③ 眼型（图2－36）。单眼或双眼发病。表现为虹膜色素消失，呈同心环状、斑点状或弥漫的灰白色，俗称“灰眼”或“银眼”。瞳孔边缘不整齐，视光反应迟钝或失明。

④ 皮肤型（图2－37）。肿瘤大多发生于翅膀、颈部、背部、尾部上方及大腿皮肤，表现为个别羽囊肿大，并以此羽囊为中心，在皮肤上形成结痂，有玉米粒至蚕豆大，较硬，少数破溃。病程较长，病鸡最后瘦弱死亡或被淘汰。

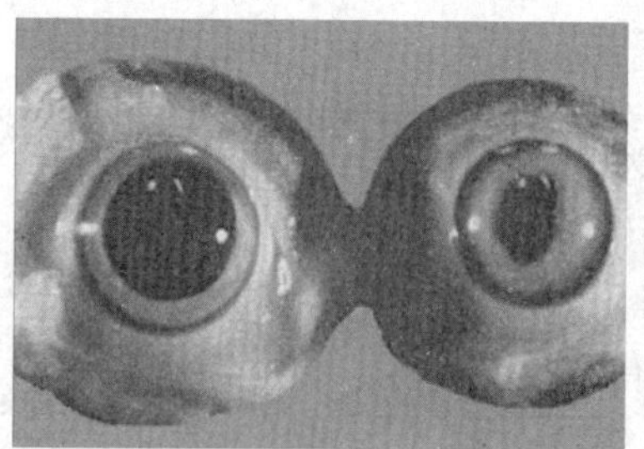

图2－36　马立克病：虹膜增生，瞳孔变小，边缘不整齐

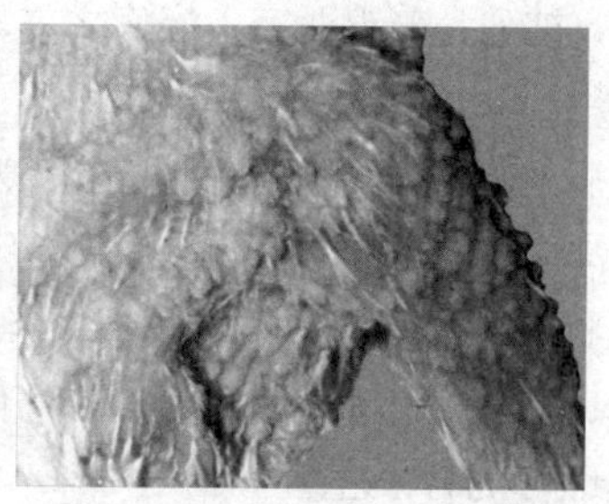

图2－37　马立克病：全身毛囊肿瘤性增生

（2）综合防治方案　以疫苗免疫、避免感染和加强饲养管理等防制手段为主。

① 雏鸡出壳就需进行马立克病疫苗免疫，需要12～15天时间才能建立充分的免疫作用。在此期间极易感染外界环境中的野毒，导致免疫失败。因此，育雏室进雏前应彻底清扫、用福尔马林熏蒸消毒并空舍1～2周；育雏前期，尤其是前2周内最好采取封闭式饲养，以防感染。

MDV主要分为Ⅰ、Ⅱ、Ⅲ三个血清型，最早使用的MD疫苗HVT FC-126株属于血清Ⅲ型，它具有运输便利、成本低廉等优点，然而其免疫保护效果相对较差。CV1988/Rispens株、814株属于血清Ⅰ型，其中CV1988/Rispens经细胞传代致弱，其免疫保护效果较好，目前在国内广泛使用。

② 加强饲养管理，减少应激因素。饲养密度不能过大；幼鸡对马立克病最易感，必须与成年鸡分开饲养，严密隔离；保持通风良好，注意环境卫生；预防雏鸡鸡白痢、球虫病以及代谢性疾病，增强雏鸡抵抗力。防止应激因素，并预防能引起免疫抑制的疾病。

82 鸡马立克病与鸡淋巴细胞性白血病有哪些鉴别要点？

鸡马立克病内脏型与鸡淋巴细胞性白血病均属于肿瘤性疾病，眼观病变很相似，因此应加以鉴别。二者主要区别要点见表2-2。

表2-2　鸡马立克病与鸡淋巴细胞性白血病的鉴别要点

肉眼可见病变	马立克病	淋巴细胞性白血病
肝	常见	常见
脾	常见	常见
肾	常见	常见
末梢神经	常见[1]	无

（续）

肉眼可见病变	马立克病	淋巴细胞性白血病
虹彩	常见[2]	无
皮肤	常见[3]	无
生殖器	常见	少见
肺	常见	少见
心	常见	少见
骨骼肌	常见[3]	无
法氏囊	很少，呈萎缩或弥漫性肿胀	多发，呈结节性肿胀

注：1、2、3分别出现于神经型、眼型和皮肤型。

83 鸡痘的临床症状和剖检病变有哪些？

鸡痘是由鸡痘病毒感染鸡，引起以体表无毛部位出现散在性的、结节状的增生性皮肤病灶，或上呼吸道、口腔和食道部黏膜出现纤维素性坏死性增生病灶（白喉型）为特征的慢性传染病。

（1）临床症状　本病一年四季均可发生，但以夏初到秋季的蚊虫滋生的季节较常见，潜伏期4～10天，病程一般为3～4周，根据症状和病变的不同，鸡痘可分为皮肤型、黏膜型和混合型三类。

① 皮肤型（图2-38）。头部皮肤（常见冠、肉髯、喙、眼皮和耳球），有时见翅内侧、胸腹部、腿和泄殖腔周围形成一种特殊隆起的小斑点，迅速长成灰白色的小结节，突出于皮肤，由白色变成黄色然后形成结痂，发炎出血，经2～3周上皮层退化脱落，结痂部位留有疤痕，特别是在鸡冠、肉髯、眼睑和翅下无毛处明显（彩图24至彩图26）。由于体温升高，影响采食量和产蛋率。

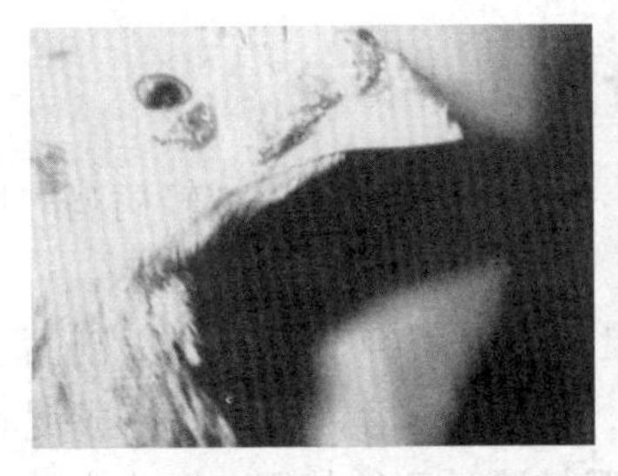

图 2 - 38　鸡痘：头部皮肤无毛部位形成结痂

② 白喉型，又称湿痘（图 2 - 39）。在口腔、食道或气管黏膜表层出现急性炎症，并形成白色不透明的纤维蛋白状奶酪样坏死痂膜，强行拨去痂膜，可见到出血糜烂性炎症。若痂膜增大可堵塞咽喉，引起呼吸困难和窒息死亡，痂膜堵塞食道，影响采食，病程长可引起死亡和产蛋率下降。

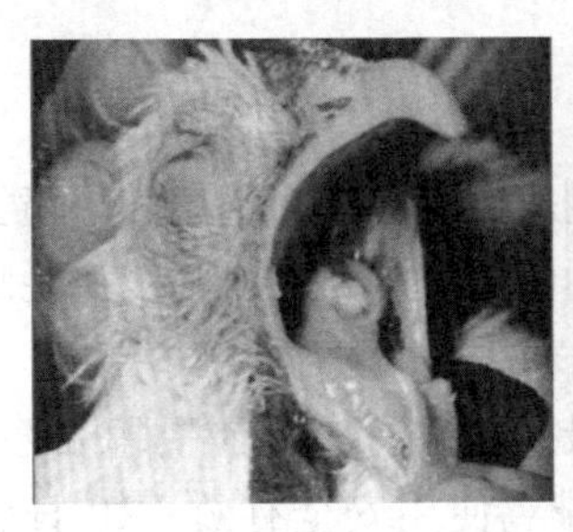
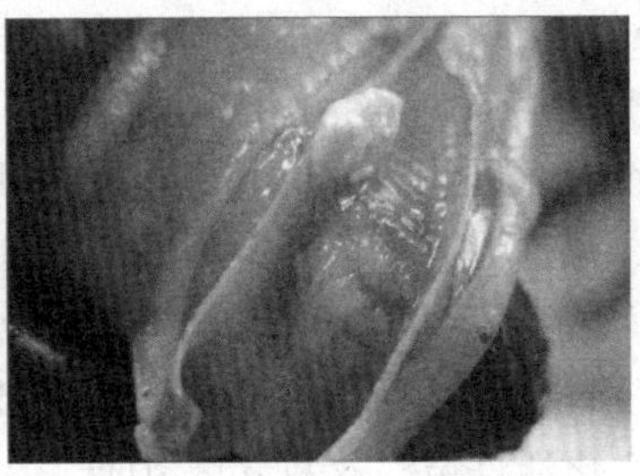

图 2 - 39　鸡痘：口腔、食道或气管黏膜表层形成痂膜

③ 混合型。在同一鸡群中有的是全身皮肤的毛囊出现痘疹，有的是喉头出现黏膜痘性结痂，也有的鸡是两种都有，死亡率较高。

（2）剖检病变　与临床所见相似，剪开鸡冠、眼眶周围等处的结节，切开可见切面出血、湿润；结节干燥后切开可见黄脂状糊块。肿胀眼角有脓性分泌物，有的在眶下窦有干酪样物，多数呈灰白色。口腔、食道或气管黏膜表面形成隆起白色不透明结节，以后迅速增大并融合成黄色、奶酪样坏死的伪膜，不易剥脱，恶臭，若将其剥去可见出血糜烂。有的鸡在喉头及气管中产生黄色干酪样物或脓样分泌物堵塞咽喉。其他器官未见异常。

84 鸡群发生鸡痘后用什么方法治疗？

鸡群发生鸡痘后，通常采用一些对症疗法，以减轻病鸡的症状和防止其他并发症。

（1）首先用2%双氧水或0.1%高锰酸钾清洗和消毒创面（有痂皮的，需要剥落，然后清洗）。消毒完毕后，用大蒜捣成泥状涂于患面，效果明显；但对口腔、眼结膜处不能使用，因为大蒜刺激性大。也可用龙胆紫清洗创面，清除完毕后，口腔内用碘甘油涂擦，皮肤上用碘酊进行涂擦。

（2）未表现临床症状的鸡群进行鸡痘紧急免疫接种。在刺种鸡痘疫苗4～5天后，刺种部位如无红肿或丘疹，必须重新刺种。

（3）鸡舍、活动场面积不能过于拥挤、潮湿，要保持良好通风，场地定期进行消毒、驱虫，减少蚊虫的叮咬。

85 怎样防制鸡痘？

本病无特效的治疗药物，其防制措施包括加强饲养和环境卫生管理、减少环境不良因素的应激、预防接种和及时驱除吸血昆虫等几方面内容。

（1）免疫接种　这是预防本病最好的方法，目前常用的疫苗是鸡鹌鹑化活疫苗。这种苗毒力低，雏鸡使用安全有效。10日龄以上的雏鸡都可以刺种，幼雏免疫期2个月，较大的鸡免疫期5个月，刺种后1周左右，刺种部位出现红肿，结痂，经2～3周脱落。若接种部位无免疫反应，应重新刺种。

（2）加强饲养管理工作　严格消毒，保持环境卫生。消灭蚊子等吸血昆虫及其滋生条件。发病后要隔离病鸡，轻者治疗，重者扑杀并与死鸡一起深埋或焚烧，污染场地要严格清理消毒。

86 鸡产蛋下降综合征有哪些临床症状？怎样防治？

鸡产蛋下降综合征（EDS-76）是由腺病毒引起的使蛋鸡产蛋

率下降的疾病。该病潜伏期为7～9天，病鸡没有明显的临床症状，特征是鸡群突然发生群体性产蛋下降。最初是病鸡产的蛋色泽变浅，产软壳蛋、无壳蛋、薄壳蛋及畸形蛋等。鸡往往啄食鸡蛋，全群鸡产蛋率下降30%～50%。病程一般持续4～6周，随后逐渐恢复，经10周恢复正常，有此病原的鸡蛋不宜作种蛋孵化。

本病无特异性治疗方法，采取包括消毒、免疫等综合性措施，才能收到良好的预防效果。

（1）免疫预防　免疫接种是防制本病的根本措施，一般使用油乳剂灭活苗，目前生产中使用的有鸡新城疫-传染性支气管炎-产蛋下降综合征三联苗、鸡新城疫-产蛋下降综合征二联苗。商品蛋鸡16～18周龄时皮下或肌内注射0.5毫升/只，一般经过15天后产生抗体，免疫期6个月以上。种鸡应在35周龄时再接种一次，以防止幼鸡感染产蛋下降综合征病毒。

（2）加强消毒和管理工作　禁止从感染过该病的鸡场引进种蛋或种雏，引进的鸡要严格隔离饲养，确认为阴性的，才能留作种鸡用。病毒能在粪便中存活，具有感染力，因此要有合理有效的卫生管理措施。采取"全进、全出"的饲养方式，对空鸡舍全面清洁及消毒后，空置一段时间方可进鸡。

（3）紧急接种　一旦鸡群发病，可进行疫苗的紧急接种，以缩短病程，促进鸡群尽早康复。在产蛋恢复期，在饲料中添加一些增蛋灵之类的中药制剂，可促进产蛋的恢复。

87 传染性脑脊髓炎的临床症状与病理变化有何特点？

传染性脑脊髓炎又称流行性震颤，主要侵害雏鸡，其主要特征是共济失调，头部肌肉震颤，两肢轻微及不完全麻痹，母鸡产蛋量急速下滑等。

传染性脑脊髓炎的潜伏期为1～7天，典型症状多出现于雏鸡。患病初期，雏鸡眼睛呆滞，走路不稳。由于肌肉运动不协调而活动受阻，受到惊扰时就摇摇摆摆地移动。有时可见头颈部呈神经性震颤（图 2－40）。抓握病鸡时，也可感觉其全身震颤。随着病程发展，病鸡肌肉不协调的情况日益加重，腿部麻痹，以致不能行动，完全瘫痪（图 2－41）。多数病鸡有食欲和饮欲，常借助翅力移动到食槽和饮水器边采食和饮水，但许多病中的鸡不能移动，因饥饿缺水、衰弱和互相践踏而死亡，死亡率一般为 10％～20％，最高可达 50％。4 周龄以上的鸡感染后很少表现症状，成年蛋鸡可见产蛋量急剧下降，蛋重减轻，一般经 15 天后产蛋量可恢复。如仅有少数鸡感染时，可能不易察觉，然而感染后 2～3 周内，种蛋的孵化率会降低。若受感染的鸡胚在孵化过程中不死，多数不能啄破蛋壳；即使出壳，也常发育不良，精神萎靡，两腿软弱无力，出现头颈震颤等症状。

图 2－40　传染性脑脊髓炎：病鸡头颈震颤

图 2－41　传染性脑脊髓炎：病鸡腿部麻痹，以致瘫痪

一般肉眼可见的剖检病变很不明显。自然发病的雏鸡，其脑部轻度充血（图 2－42）和肌肉萎缩，尤其病雏的腿部肌肉萎缩更为明显；严重病死雏鸡常见到肝脏脂肪变性、脾脏肿大和轻度肠道炎症。成年鸡发病则无上述变化。

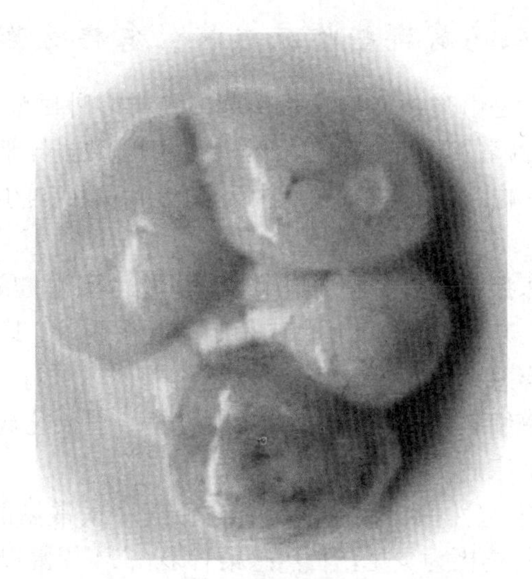

图 2-42　传染性脑脊髓炎：脑部充血

88 怎样防治传染性脑脊髓炎？

目前本病尚无有效的治疗方法，应加强预防。在防制工作中应注意以下几点：

（1）在本病疫区，种鸡应于 100～200 日龄接种鸡传染性脑脊髓炎疫苗，最好用油佐剂灭活苗。也可用弱毒苗，以免病毒在鸡体内增强了毒力再排出，反而散布病毒。

（2）种鸡如果在饲养管理正常而且无任何症状的情况下产蛋突然减少，应请兽医做实验室诊断。若诊断为本病，在产蛋量恢复正常之前，或自产蛋量下降之日算起 1 个月内，种蛋不要再用于孵化。

（3）确认发生本病时，凡出现症状的雏鸡都应立即挑出淘汰，到远处深埋，以减轻同居感染，保护其他雏鸡。如果发病率较高，可考虑全群淘汰，消毒鸡舍，重新进雏。重新进雏时可购买原来那个种鸡场晚几批孵出的雏鸡，这些雏鸡已有母源抗体，对本病有抵抗力。

89 鸡白血病有哪些临床症状？怎样防治？

禽白血病是由禽白血病病毒引起的禽类多种肿瘤性疾病的统称，临床上发病的某些时期常见血液中白细胞数量异常增多，故又称为白血病。白血病病毒可造成淋巴器官的萎缩或再生障碍，导致免疫失败。

（1）临床症状　禽白血病临床多表现慢性经过，虽然病死率不高（5%～6%），但对生产力的破坏却相当严重，尤其对肉种鸡的危害更是不容忽视。禽白血病包括淋巴细胞性白血病、成红细胞性白血病、成髓细胞性白血病、骨髓细胞瘤病、骨硬化病、血管瘤等多种类型，临床症状各有侧重。

① 淋巴细胞性白血病。这是禽白血病中最常见的一种类型。14 周龄以内的鸡极为少见，自然感染者多在 14 周龄以后开始发病（但 J 亚型病例可在 14 周龄以前发病），在性成熟期发病率最高。病鸡没有明显的特征性症状，主要表现为精神委顿，食欲不振或废绝，进行性消瘦，下痢，贫血，冠髯苍白、皱缩（彩图 27），偶尔可见发绀，病鸡停止产蛋。腹部常明显膨大，用手按压可触摸到肿大的肝脏。剖检可见心、肝、肾、脾等肿大，有结节性肿瘤（彩图 28 至彩图 31）。最后多衰竭死亡。

② 成红细胞性白血病。此类型的白血病较少见，通常发生于 6 周龄以上的高产鸡。临床上常分为两种类型，即增生型和贫血型。增生型相对多见，主要特征是血液中存在大量的成红细胞；贫血型少见，血液中仅有少量未成熟红细胞。两种病型的早期症状相似，表现为全身衰弱，嗜睡，冠髯稍苍白或发绀，病鸡消瘦、下痢，毛囊出血，病程从几天到几个月。

③ 成髓细胞性白血病。此类型的白血病很少自然发生，临床较为罕见。临床表现为嗜睡、贫血、消瘦、毛囊出血，病程比其他型稍长些。

④ 骨髓细胞瘤病。此类型的白血病极为少见。其全身症状与成髓细胞性白血病相似，由于骨髓细胞大量生长，导致增生部位的

骨骼异常突起，临床多见肋骨与肋软骨连接处、胸骨后部、下颌骨以及鼻腔的软骨等处骨骼突出。

⑤ 骨硬化病。也叫骨石化症，病鸡表现发育不良，冠髯苍白，行走拘谨或跛行，长骨增粗，触摸有温热感，晚期病鸡胫骨呈特征性的“长靴样”外观。

⑥ 血管瘤。见于皮肤或内脏表面，血管腔高度扩大形成“血疱”，通常单个发生，“血疱”破裂后，可使病禽严重失血而致死。

（2）综合防制措施　禽白血病虽然感染率很高且危害严重，但到目前为止，还没有合适的疫苗和有效的药物加以对抗，尤其是病毒各型间交叉免疫力很低，雏鸡又易出现免疫耐受，对疫苗不产生免疫应答，故只能被动地进行防御。

① 搞好日常免疫。马立克病、传染性法氏囊病、呼肠孤病毒病、球虫病等疾病，都能引起免疫抑制，降低机体对禽白血病病毒的抵抗力，容易引发禽白血病。因此，生产上一定要重视这些疾病的免疫工作，及时注射疫苗或投喂预防性药物。

② 使用免疫增强剂。可以提高机体免疫功能，增强对禽白血病病毒的抵抗力。黄芪多糖、香菇多糖、人参多糖、党参多糖、干扰素、肿瘤坏死因子、鸡转移因子、白细胞介素等，都可以作为免疫增强剂，用于预防禽白血病。另外，将具有抗病毒作用的中药如板蓝根、穿心莲、大青叶、鱼腥草、黄连、金银花、龙胆草等，用于鸡群的日常保健，也会提高机体抵抗禽白血病的能力。

③ 严格消毒。禽白血病病毒的抵抗力不强，尤其不耐高温，50 ℃经 8 分钟或 60 ℃经 42 秒即可迅速失去活性，病毒对脂溶剂和去污剂敏感。因此，日常管理要重视消毒环节，经常进行喷雾消毒，及时处理粪便，这是切断禽白血病传播途径的重要措施。

④ 加强饲养管理。饲料中维生素缺乏、内分泌失调等因素都可促进禽白血病的发生，因此，加强饲养管理，给鸡群提供良好的外部环境条件，是预防禽白血病的基础。饲料原料要良好无污染，适当提高雏鸡饲料中粗蛋白的含量，为种鸡免疫系统的正常发育创造良好的物质条件。不良应激会造成免疫功能下降，在断喙、转

群、饲料转换和免疫接种期间，要采取必要的措施，如加喂多维素、电解质等，尽可能地降低鸡群的应激反应。

90 鸡传染性贫血有哪些临床症状？怎样防治？

鸡传染性贫血又叫出血综合征、蓝翅病及贫血因子病等，是由鸡贫血病毒引起的一种以雏鸡再生障碍性贫血、全身淋巴组织萎缩、皮下肌肉出血为特征的免疫抑制性疾病。

（1）临床症状　主要表现为贫血，一般在感染后10～12天症状最明显，病雏鸡表现精神沉郁，消瘦，皮肤苍白，翅膀皮炎或蓝翅，体重减轻，全身或头颈部皮下出血、水肿，2～3天后开始死亡，死亡率不一致，通常为10%～50%。成年鸡感染后，一般无临床症状，产蛋量、受精率和孵化率均不受影响。可通过蛋传播病毒。

（2）防治措施　本病目前还没有特效的治疗方法，使用抗生素只能控制继发感染。消灭本病的根本措施是对种鸡场的鸡群及时进行检疫，严格淘汰阳性鸡，并加强日常卫生管理措施。为了预防后代暴发本病，应于12～15周龄对种鸡进行免疫，免疫6周后可产生坚强的免疫力，免疫期达10个月以上。

91 网状内皮增生病有哪些临床症状？怎样防治？

网状内皮增生病是由网状内皮组织增生病毒感染鸡引起的一种病理综合征，包括急性网状细胞肿瘤的形成、矮小病综合征、淋巴细胞和其他组织的慢性肿瘤的形成等。除引起肿瘤外，发生网状内皮增生病的鸡，一般并不表现明显的临床症状。有的可能只有生长发育受阻，消瘦，羽毛蓬乱，饲料转化率低等非特异性症状。本病可经种蛋垂直传播，3～7周龄发病，肉仔鸡发病率高于蛋用鸡，发生传染性法氏囊病的鸡易感染本病，其他应激因素（寒冷、过热、断喙）可促进本病发生。本病在鸡群的发病率与死亡率不高。

本病目前尚无有效的治疗方法，也无商业疫苗可用。在防制上主要应加强综合防治措施。加强种禽群（包括SPF禽群）监管措施，注意环境卫生，防止水平传播。加强种禽用疫苗（特别是马立克病、禽痘和禽白血病）质量监测与管理，以免引起本病的人工传播和造成重大经济损失。

92 鸡包涵体肝炎有哪些临床症状？怎样防治？

鸡包涵体肝炎是由禽腺病毒引起鸡的一种肝脏损害性传染病，其主要特征为病鸡皮下、胸肌、大腿肌等处肌肉出血，肝脏损害，其颜色以黄色、褐色、出血和贫血混合存在。

本病多发于3～7周龄鸡，主要通过呼吸道、消化道及眼结膜等感染，也可垂直传播。感染本病的鸡群，初期症状不明显，出现个别鸡突然死亡，并多为体况良好的鸡。病鸡精神沉郁，食欲减退或不食，翅膀下垂，羽毛蓬乱，双脚麻痹，蹲伏于地，有白色水样腹泻，眼睑和冠发白，有的病鸡呈现黄疸。临死前有的发出鸣叫声，并出现头背反弓等神经症状。在生长鸡群中发病迅速，随之出现永久性急性贫血，委顿，发热以及死亡率增高等症状。

本病目前尚无有效的治疗方法和疫苗。控制本病的主要措施是加强饲养管理，杜绝传染源，防止和消除应激因素。由于传染性法氏囊病和鸡传染性贫血都能加强腺病毒的致病性，因此，对于这两种疾病必须严格控制。另外，因为本病可垂直传播，所以防控措施必须从原种鸡开始。对病鸡适当添加抗生素类药及维生素，有助于降低鸡的死亡率。

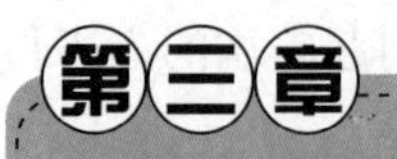

鸡的细菌性传染病

93 鸡大肠杆菌病的临床症状和剖检病变有哪些？怎样防治？

大肠杆菌是一种条件性致病菌，感染鸡后，可引起心包炎、气囊炎、败血症、脐炎、眼炎、卵黄性腹膜炎或慢性肿瘤样肉芽肿等多种疾病，统称鸡大肠杆菌病，是造成养鸡业重大经济损失的疾病之一。本病可通过消化道、呼吸道感染。当各种应激因素造成机体免疫功能下降时，就会发生感染，因此，本病常成为某些传染病的并发或继发性疾病。

（1）临床症状　鸡大肠杆菌病没有特征的临床症状，但与鸡只发病日龄、病程长短、受侵害的组织器官及部位、有无继发或混合感染有很大关系。

① 初生雏鸡脐炎，俗称“大肚脐”。其中多数与大肠杆菌有关。病雏精神沉郁，少食或不食，腹部大，脐孔及其周围皮肤发红、水肿，病雏多在1周内死亡或淘汰。另一种表现为下痢，除精神、食欲差，可见排出泥土样粪便，病雏1～2天内死亡。死亡不见明显高峰。

② 育雏期间（包括肉用仔鸡）的大肠杆菌病，原发感染比较少见，多是由于继发感染和混合感染所致。尤其雏鸡阶段发生鸡传染性法氏囊病的过程中，或因饲养管理不当引起鸡慢性呼吸道疾病时常有本病发生。病鸡食欲下降、精神沉郁、羽毛松乱、拉稀。同时兼有其他疾病的症状。育成鸡发病情况大致相似。

③ 产蛋阶段鸡群发病，多由饲养管理粗放，环境污染严重，或正值潮湿多雨闷热季节发生。这种情况一般以原发感染为主。另外，可继发于其他疾病如鸡白痢、新城疫、传染性支气管炎、传染性喉气管炎和慢性呼吸道疾病发生的过程中。主要表现为产蛋量不高，产蛋高峰上不去，产蛋高峰维持时间短，鸡群死淘率增加。病鸡临床表现为鸡冠萎缩、下痢、食欲下降等。

（2）剖检病变 典型病变有急性败血症、气囊炎、心包炎、肝周炎、全眼球炎、输卵管炎、腹膜炎、大肠杆菌肉芽肿等。

① 急性败血症。由大肠埃希菌引起的急性败血症主要发生于雏鸡。在成年鸡和育成鸡中常与鸡伤寒和鸡霍乱相类似。病鸡肌肉丰满，嗉囊内充满食物，剖检发现肝脏呈绿色，胸肌充血，有时肝脏内有小的白色病灶。

② 气囊炎。主要发生于3～12周龄的鸡，6～9周龄的鸡发病率最高。气囊炎常常继发或并发于传染性支气管炎、新城疫、支原体病等，因为这些病的病原增强了呼吸道对大肠埃希菌的易感性。吸入附有该菌的粉尘是最主要的感染途径之一。鸡舍的灰尘和氨气导致鸡的上呼吸道纤毛失去运动性，从而使吸入有大肠埃希菌的灰尘感染气囊。受感染的气囊增厚，胸气囊与肺之间、腹气囊与腹壁之间有灰色或白色干酪样凝块。轻微的气囊上有泡沫。严重者可见呼吸困难，有啰音，咳嗽，食欲消失，病鸡消瘦，最后死亡。

③ 心包炎。经常伴发心肌炎，心包囊呈云雾状，心外膜水肿，并覆有淡色渗出物，心包囊内充满淡黄色纤维蛋白性渗出物。

④ 眼炎。是大肠埃希菌败血症一种常见的表现形式，经常是一侧眼睛和眼前房积脓、流泪、有泡沫、失明、脉络膜充血，视网膜完全被破坏。有个别病鸡能康复，但大多数在鸡发病后很快死亡。

⑤ 输卵管炎。当左侧腹气囊感染大肠埃希菌后，许多母鸡发生慢性输卵管炎，输卵管扩张、壁变薄，内有大量干酪样团块，该团块随着时间的延长而增长，病鸡常在受到感染后的最初6个月死亡，发病后存活的鸡无产蛋能力，产蛋鸡也可能由于大肠杆菌侵入泄殖腔而患输卵管炎。

⑥ 卵黄性腹膜炎。产蛋母鸡可发生腹腔内大肠埃希菌感染。以急性死亡、纤维素性渗出物和游离的卵黄为特征。

⑦ 大肠杆菌肉芽肿。本病的特征是肝、盲肠、直肠、十二指肠和肠系膜发生火山口样肉芽肿，但脾脏没有病变。

（3）防治　大肠杆菌对许多种药物都敏感，如氨苄西林、金霉素、新霉素、庆大霉素、土霉素、壮观霉素、链霉素以及磺胺类药等。由于大肠杆菌不断产生耐药性，要做药物敏感性试验，以免用药无效。

加强通风，减小密度，及时转群，严格挑选种蛋和消毒种蛋是防止该病发生的有效方法。粪便污染种蛋是鸡群间致病性大肠杆菌相互传播的最重要途径，因此种蛋产出后要及时消毒入库，并淘汰破损和被粪便污染的种蛋。鸡患支原体病、传染性支气管炎以及环境污染严重、通风不良等，均可降低鸡群抵抗大肠杆菌感染的能力。

94 鸡白痢的传播方式有哪几种？

鸡白痢是由鸡白痢沙门菌引起的鸡的传染病。本病的特征为幼雏感染后呈急性败血型，发病率和死亡率都高；成年鸡感染后，多呈慢性或隐性带菌，病原菌可随粪便排出，因卵巢带菌，严重影响孵化率和雏鸡成活率。

本病分布于世界各地，世界养鸡先进的国家，目前已基本控制本病。本病主要有三个方面的传播途径。

（1）经种蛋传播　患慢性白痢病或隐性感染的带菌成年母鸡，其所产蛋30%左右带菌，蛋在通过泄殖腔排出以后受到污染，病菌侵入蛋内。

（2）孵化器感染　带菌种蛋孵化出壳后，雏鸡脐孔、种蛋壳都含有大量的白痢沙门氏菌，健康雏鸡或吸入或食入后感染。

（3）同群感染　病鸡或带菌鸡的排泄物污染饲料、饮水而感染同群的健康鸡。雏鸡感染恢复后，体内可长期带菌；成年鸡感染后也能长期带菌；带菌鸡产出的蛋多被本菌污染，从而在传播中起主要作用。卵黄中含有大量病菌。

95 怎样防治鸡白痢？

鸡白痢是鸡的一种极其常见的传染病，在初生幼雏往往表现为急性败血症的病型，发病率和死亡率都很高，通常在出壳后2周内死亡最多。在成年鸡多为慢性或隐性感染，一般不表现明显的症状。鸡白痢防治措施如下：

（1）治疗药物的选择使用

① 磺胺类药物。在病鸡的饲料中添加0.5%磺胺嘧啶，或是0.5%磺胺甲基嘧啶，连用5天；或是添0.1%磺胺喹噁啉，连喂2～3天，停3天，再用0.05%浓度饲喂2天，停3天，再喂2天。

② 其他抗菌药物。如氨苄西林、庆大霉素、卡那霉素等均较敏感，常用庆大霉素饮水，雏鸡每天上下午各1次，每次用量1 000～1 500单位，连饮4天，可收到较好的治疗效果。

③ 微生物制剂。近年来微生物制剂在防治畜禽下痢方面有较好效果，该类制剂具有安全、无毒、不良反应小与细菌抗药性等优点，常用的有促菌生、调痢生、乳酸菌等，在用这些药物的同时及其前后4～5天应该禁用抗菌药物。如促菌生，每只鸡每次服0.5亿个菌，每天1次，连服3天；剂型有片剂，每片0.5克，含2亿个菌；胶囊每粒0.25克，含1亿个菌。这些微生物制剂的效果多数情况下相当或优于药物预防的水平。

在选用抗菌药物时，不可长时间使用一种药物，也不可以加大药物剂量达到防治的目的，必须注意到病菌的抗药性问题。近年来，由于广泛使用磺胺类等药物，已经发现有些鸡白痢菌株对很多抗菌药物产生了抗药性，影响了疗效，因此在应用这类药物时，要严格掌握，注意不能滥用。应考虑到有效药物可以在一定时间内交替、轮换使用，药物剂量要合理，防治要有一定的疗程。

（2）防治措施　防治鸡白痢最重要的工作，就是要消灭鸡群中传播病菌的带菌鸡，特别是对于种鸡群要做得格外彻底，积极建立和培育无鸡白痢的健康种鸡群，同时要结合加强孵化、育雏的消毒卫生工作。具体措施如下：

① 执行定期检疫措施，定期对种鸡群检疫是消灭带菌者，净化鸡群鸡白痢的最有效措施。翅静脉采血（彩图 32），应用全血玻片凝集试验方法（彩图 33），一般种鸡群的检疫每年需进行 2～3 次，第一次可在 40～70 日龄之间，应连续检疫 1～2 次，每次间隔 10～15 天；第二次应于全面开产后进行，坚持淘汰阳性鸡，以达到净化鸡群的目的。

② 孵化用的种蛋必须来自阴性反应的母鸡和公鸡。加强育雏管理，育雏室经常保持清洁干燥，温度要维持恒定，垫草勤晒勤换，雏鸡群不能过分拥挤；饲料要配合适当，防止雏鸡发生啄癖，饲槽和饮水器防止被鸡粪污染。

③ 加强雏鸡的饲养管理。注意常规消毒，鸡舍及一切用具要经常清洗消毒，搞好鸡场的环境卫生。孵化器在应用前，要用甲醛气雾消毒；育雏室和一切育雏用具，要经常消毒，孵化种蛋前用甲醛熏蒸消毒。

④ 对新购进的鸡，应选用合适的药物进行预防，有助于控制发病。

⑤ 发病后要立即隔离、封锁和治疗，尽快扑灭传染源。

96 鸡伤寒有哪些临床症状及剖检病变？怎样防治？

鸡伤寒是由沙门氏菌引起的一种急性或慢性传染病，病鸡下痢，肝、脾等实质器官有明显病变。

各种日龄的鸡都能感染发病，但主要发生于成年鸡和 3 周龄以上的青年鸡。本病既可水平传播也能垂直传播，病鸡和带菌鸡产的蛋内含有病菌，可通过孵化传染给雏鸡。

（1）临床症状　病鸡初期精神萎靡，离群独居，不爱活动，继而头和翅膀下垂，鸡冠和肉髯苍白，羽毛松乱，食欲废绝，口渴增加，体温升高至 43～44 ℃。病鸡排出黄绿色的稀粪。急性型的病程 2～10 天，一般为 5 天左右，有些病鸡常在发病后 2 天即很快死亡。慢性型的病鸡，有些能拖延数周之久，死亡率也较低，大部分能够恢复，变成带菌鸡。雏鸡精神不振，生长不良，拉白色稀粪。当肺部受到侵害时，即显现呼吸困难症状，死亡率在10%～50%或更高。

（2）剖检病变　急性鸡伤寒特征性的病理变化是肝和脾发生明显肿大、充血、变红。在疾病的亚急性和慢性阶段，肿大的肝脏变成淡绿棕色或古铜色。肝和心肌散布一种灰白色或淡黄色的小灰点。胆囊扩张，充满浓厚胆汁。病鸡发生心包炎，有时可见心包膜与心脏粘连。母鸡的卵泡发生出血、变形和变色，常由于卵泡破裂引起腹膜炎，小肠有轻重不等的卡他性肠炎，内容物很黏稠，含有多量胆汁。

（3）防治措施　本病的预防措施与鸡白痢相同。

97 鸡葡萄球菌病的临床症状及剖检病变有哪些？怎样防治？

鸡葡萄球菌病是由金黄色葡萄球菌引起的一种急性或慢性传染病。鸡感染本病后，幼鸡呈急性败血症；育成鸡和成年鸡呈慢性型，表现为关节炎或肿瘤。由于鸡葡萄球菌病类型众多，在鸡场时有发生，属人畜共患，具有公共卫生意义。因此，在养鸡生产中，必须对此病引起重视，以减少葡萄球菌病的发生。

（1）临床症状　可分为急性和慢性两种。

① 急性败血型。是常见病型，多见于雏鸡。发病急，病程短，死亡率高。病禽表现为胸、腹、背大片脱毛或用手一抹即脱落；有的病鸡在头颈、翅膀背侧和腹面、翅尖、尾、脸、背和腿等处皮肤上出现大小不等的出血，炎性坏死，局部干燥，结痂。全身症状表现有沉郁，发热，呆立，翅下垂，缩头闭眼，饮食减少或废绝。下痢，排灰白色或黄绿色稀粪。跛行多为一条腿一个关节。剖检可见胸腹部皮下呈出血性胶样浸润。胸肌水肿，有出血斑或条纹状出血。肝肿大，淡紫红色，有花纹样变化；脾肿大，紫红色，有白色坏死点。

② 慢性型。可分为关节炎型、脐炎型、眼炎型和肺炎型等。

关节炎型：表现为病鸡跛行、蹲伏、瘫痪或侧卧，足、翅关节发炎肿胀，患部呈紫红色或紫黑色，有的化脓、破溃而形成黑色结痂。病鸡仍有饮食欲，由于行走采食困难而逐渐消瘦，最后衰竭死亡。剖检可见关节囊内有或多或少的浆液，或有黄色脓性纤维渗出物，病程较长的病例，变成干酪样坏死，甚至关节周围结缔组织增生及畸形。

脐炎型：多见于刚出壳不久的雏鸡，病程短，死亡率高。主要表现为腹部膨大，脐孔肿大发炎，局部呈黄红色或紫黑色，触摸硬实，俗称“大肚脐”，病鸡一般在2～5天内死亡。

眼炎型：初期病鸡以眼结膜炎为主，一侧或两侧结膜发炎，红肿，流出黄色的脓性黏液，上下眼睑黏合，失明，眼突出，后期眼球下凹干缩。本病占总病鸡的30%左右。

肺炎型。病鸡主要表现为全身症状及呼吸障碍。

（2）防治措施

① 预防。首先搞好禽舍内外的环境卫生，及时清除能造成肌体损伤的各种因素，避免创伤感染；适时断喙，加强饲养管理，注意补充各种维生素和微量元素，提高机体抗病能力。应用多价葡萄球菌灭活油乳剂苗，可收到良好的免疫预防效果。

② 治疗。对本病有效的药物有青霉素类、广谱抗生素和磺胺类药物等，但由于金黄色葡萄球菌耐药菌株的存在和不断出现，最好在发病后尽早分离出病原菌作药敏试验，以选择敏感药物进行治疗。如无此条件，首选药物有新生霉素、卡那霉素和庆大霉素。

98 禽霍乱有哪些临床症状及剖检病变？怎样防治？

禽霍乱又称禽巴氏杆菌病或禽出血性败血病，是由多杀性巴氏杆菌引起鸡的一种接触传染性烈性传染病。其特征为传播快，病鸡呈最急性死亡，剖检可见心冠状脂肪出血和肝有针尖大的坏死点。

（1）临床症状及剖检病变　本病的潜伏期为1～9天，最快发病后数小时可死亡，根据病程长短一般可分为最急性型、急性型和慢性型。

① 最急性型。常见于本病流行初期，多发于体壮高产鸡；几乎看不到明显的症状，病鸡突然不安，痉挛抽搐，倒地挣扎，双翅扑地，迅速死亡。有的鸡在前一天晚上还表现正常，而在次日早晨却发现已死于鸡舍内，甚至有的鸡在产蛋时猝死。剖检无明显病变，仅见心冠状沟部有针尖大小的出血点，肝脏表面有小点状坏死灶。

② 急性型。病鸡表现精神不振，羽毛松乱，缩颈闭眼，弓背，头藏于翅下，食欲减退或废绝。由于身体发热，饮水增加，呼吸困难，口鼻流出黏液，死前可见头、冠、肉垂发绀。病鸡常有腹泻，排出白色水样或绿色黏液，伴恶臭粪便。产蛋量明显下降，种蛋的受精率和孵化率明显降低。病程较短，一般几小时或数日死亡。急性型经过存活下来的病鸡转为慢性感染或康复。剖检可见浆膜出血，心冠状沟部密布出血点，似喷洒状；肝脏肿大，变脆，呈棕色或棕黄色，并有特征性针尖大的灰黄色或白色坏死灶。肌胃和十二指肠黏膜严重出血，整个肠道呈卡他性或出血性肠炎，肠内容物混有血液。

③ 慢性型。病鸡肉髯、鸡冠、耳片发生肿胀和坏死，关节肿胀、化脓等；有的表现为呼吸道症状；有的腹泻；病程可达几周，最后衰竭死亡；脑膜感染可见斜颈或鼻窦肿大等症状。产蛋鸡常发生坠卵性腹膜炎。

（2）防治措施　对于该病必须采取综合防治措施，加强日常饲养管理，减少应激因素，使禽类保持一定的抵抗力；同时搞好环境卫生，及时定期进行消毒，以切断各种传染途径；引种时要进行严格检疫，防止本病的传入；在发病地区应定期进行预防注射；发现本病时，应及时采取封锁、隔离、治疗、消毒等有效的防治措施，尽快扑灭疫情。

磺胺类药物治疗效果较好。在使用磺胺药物时一定要注意混匀，防止发生药物中毒。产蛋鸡不要用磺胺类药物，因其能引起产蛋下降。

① 磺胺喹噁啉，混饲浓度为0.1%，连喂2～3天。间隔3天后，再用0.05%浓度混饲2天，停3天，再喂2天。

② 磺胺嘧啶或磺胺二甲基嘧啶，混饲浓度为0.3%～0.4%，连用3天；混水浓度为0.1%～0.2%，连用3天。

③ 敌菌净，每次每千克体重30毫克，每天2次，连用不超过5天。

99 鸡传染性鼻炎（副鸡嗜血杆菌病）有哪些临床症状及剖检病变？怎样防治？

鸡传染性鼻炎是由副鸡嗜血杆菌引起鸡的一种急性或亚急性上呼吸道疾病；其特征是鼻黏膜发炎，水样或脓样鼻涕，打喷嚏和面部水肿等。发病率高而死亡率低，但因淘汰率增多和产蛋率下降可造成很严重的经济损失。

（1）临床症状　病鸡鼻道和鼻窦充满浆液性或黏液性分泌物，分泌物黏着鼻孔，有恶臭味。面部水肿和结膜炎是本病的典型特征，有时可见病鸡打喷嚏，食欲及饮水减少，有时伴有下痢，体重减轻，羽毛丰满。严重者整个头部水肿，甚至波及喉部，一侧或两侧眼睛闭合，造成一时性失明。随着病情发展，鼻液黏稠性增加，炎症蔓延至气管，由于黏液增多，病鸡呼吸困难，张口伸颈并有啰音，不断甩头，常因窒息而死亡。

（2）剖检病变　主要病变在鼻腔、眶下窦和气管黏膜，可见有急性卡他性炎症。鼻腔、眶下窦有灰白色黏液，黏膜发红水肿。喉头、气管黏膜呈桃红色并有黏液，严重者有干酪样物，下颌部皮下有浆液浸润，卡他性结膜炎，结膜充血水肿，眼窝内有干酪样填充物，有时可见肺炎和气管炎，气囊、腹腔及输卵管内有黄色干酪样物，产蛋鸡有时可见卵黄性腹膜炎，其他脏器无明显变化。

（3）防治措施

① 预防。A—C型二价油乳剂灭活苗，首免25～50日龄，加强免疫85～105日龄，肌内注射。加强饲养管理，减少饲养密度，改善鸡舍的通风条件，做好消毒工作，定期对鸡舍内外消毒，减少

病菌的传播，同时给鸡群供应充足的营养物质。

② 治疗。首选药物为磺胺二甲氧嘧啶，按0.05%浓度饮水3～7天；也可用双氢链霉素，按每只鸡每次5万～10万单位或庆大霉素8 000单位肌内注射，每天2次，连用3天。治疗本病以饮水和喷雾效果好。当有支原体和葡萄球菌混合感染时，可同时使用泰乐菌素和青霉素。

100 鸡弧菌性肝炎有哪些临床症状及剖检病变？怎样防治？

鸡弧菌性肝炎是由肝炎弧菌引起的一种急性或慢性传染病，主要发生于产蛋鸡群或后备鸡群。其特征为肝脏弥漫性坏死或硬化、萎缩等。

（1）临床症状及剖检病变　各种年龄的鸡均可发病，病鸡表现贫血、腹泻。雏鸡腿软难以站立；母鸡产蛋率下降，有的鸡冠苍白、腹围肿大，死亡率在1%～10%，如果与其他病原（如大肠杆菌、沙门氏菌等）混合感染时，死亡率则明显升高，可达20%～30%。

本病的病变特征是肝脏的变性和坏死。肝肿大、褪色、发生实质变性而呈现星状黄色坏死，肝脏包膜有不规则出血，有的包膜下有血肿。个别严重病例有菜花样坏死。由于感染程度的不同，也有见不到肝脏病变的。慢性可见腹水和心包炎，心肌苍白，有坏死点；肾脏肿胀、褪色；卵巢变性，有的卵泡破裂，卵黄掉入腹腔，引起卵黄性腹膜炎。产蛋鸡突然死亡，往往是由于肝破裂引起，腹腔积满血水，病死鸡的子宫内常有完整的鸡蛋。

（2）防治措施

① 该病在预防上主要采取综合性的预防措施，如加强卫生消毒，通风换气，保持鸡舍内合适的温湿度、饲养密度和光照。供给鸡只营养丰富的饲料，精心饲养。

② 采取预防性投药。饲料中加入抑制弧菌的中草药如“杆菌净”，每100千克饲料加100克，连用5天为一个疗程；饮水中加入5%阿莫西林可溶性粉，0.02%电解多维；或饮水中加入恩诺沙

星预混剂5克，黄芪多糖50克，溶入清水50千克，搅匀后饮服，每日2次，连饮5天为一个疗程。病情严重的鸡只分别用磺胺喹噁啉0.04%和磺胺二甲氧嘧啶0.1%饮水，连用5天，同时每千克体重用链霉素4万单位肌内注射。

101 鸡曲霉菌病有哪些特征？其主要症状是什么？

鸡曲霉菌病又称育雏室肺炎、鸡霉菌性肺炎，是由曲霉菌引起的一种以幼鸡发病为主的真菌病。主要特征是急性暴发，死亡率高，侵害鸡的肺和气囊，引起广泛性炎症和形成霉菌性小结节。成年鸡一般为零星散发，且为慢性。

本病自然感染的潜伏期为2～7天，急性病例多出现于雏鸡，病雏鸡精神不振，羽毛蓬乱，两翅下垂，嗜睡，食欲减退或废绝，渴欲增加，对外界反应淡漠，逐渐消瘦。随着病程发展，呼吸困难，常伸颈张口吸气，细听有气管啰音，有时摇头，连续打喷嚏。病程后期发生腹泻，冠髯发绀，精神萎靡，闭目昏睡，最后窒息死亡。有些雏鸡发生曲霉菌性眼炎，在一侧眼的瞬膜下形成黄色干酪样小结节，造成眼睑鼓起。有些鸡的眼角膜中央形成溃疡。本病的特征性病理变化是肺、气囊和胸腹腔生成一种从针头至小米大的结节（彩图34），有时可以互相融合成大的团块，结节呈灰白或淡黄色，柔软有弹性，内容物为干酪样。有时在肺、气囊、气管或腹腔内可以看到成团褐色霉菌斑。

102 怎样防治鸡曲霉菌病？

育雏阶段的卫生条件不良是引起本病暴发的主要诱因。育雏室内温度不稳定、通风换气不好、阴暗潮湿、雏鸡过分拥挤以及营养不良等，都能促进本病的发生和流行。因此，防治曲霉菌病需注意以下几点：

（1）育雏室应注意通风换气和卫生消毒，保持室内干燥、清洁。长期被烟曲霉污染的育雏室、土壤、尘埃中含有大量孢子，雏鸡进入之前，应彻底清扫和消毒。消毒可用福尔马林熏蒸法，或

0.4%过氧乙酸或5%石炭酸喷雾后密闭数小时，经通风后使用。

（2）育雏期间每天室内温差不要过大，逐步合理降温。在南方梅雨温暖季节育雏，要特别注意防止垫料和饲料发霉。雏鸡的垫料要经常翻晒，以防止霉菌生长繁殖。

（3）种蛋、孵化器及孵化厅均要按卫生要求进行严格消毒。

（4）发生疫情时，迅速查明原因，并立即排除，同时进行环境、用具等的消毒工作。

（5）本病目前尚无特效的治疗方法。据报道用制霉菌素防治本病有一定效果，剂量为每100只雏鸡一次用50万单位，每天2次，连用2～4天。用1∶2 000的硫酸铜或0.5%～1%碘化钾饮水，连用3～5天。

103 鸡慢性呼吸道病传染途径有哪些？主要临床症状及剖检病变有哪些？

鸡慢性呼吸道病是由鸡败血支原体引起的鸡的一种慢性呼吸道传染病。其特征是咳嗽、喷嚏和气管啰音，上呼吸道炎症及气管中有干酪样物，成年鸡呈隐性感染。本病在许多地区的鸡群中长期存在，鸡慢性呼吸道病发生以后，可以导致免疫抑制，容易与大肠杆菌混合感染，产生严重的呼吸道症状，给养鸡生产造成很大的损失，是目前养鸡生产面临的严峻的疾病之一。

该病通过污染的饲料、饮水或呼吸道的分泌物直接接触传播，但是最主要的传播方式还是通过感染的卵呈垂直传播。该病单纯感染时，病程较长，病情发展缓慢；当出现气候骤变、鸡舍通风不良，饲养密度过大，有害气体过多，尤其在氨的刺激下，容易诱导发生，有些疫苗通过气雾免疫易诱发，以及饲料中维生素含量不足也是发病诱因之一。本病发病率高，死亡率低。

临床症状：幼龄鸡发病后呈典型性临床症状，出现咳嗽、喷嚏、气管啰音，病初鼻腔流浆性或黏液性分泌物，堵塞鼻孔，妨碍呼吸，病鸡不断摇头，当炎症进一步发展时，气喘和咳嗽更为明显，并有呼吸啰音，到疾病后期，眶下窦蓄积渗出物，导致眼部突起。成年鸡多为隐性感染，导致产蛋下降，饲料报酬及孵化率降低，还可通过种蛋传播给下一代，进而在鸡群中长期存在和蔓延。

剖检病变：鼻腔、气管、支气管、气囊卡他性炎症，含黏稠渗出物，气囊壁增厚浑浊，气囊壁上出现干酪样物。

104 怎样防治鸡慢性呼吸道病？

慢性呼吸道病发生后极易暴发其他传染病，如新城疫、传染性鼻炎、传染性支气管炎、传染性喉气管炎、大肠杆菌病等，养鸡生产中控制慢性呼吸道病的发生具有重要的经济意义。该病的防治要从以下几方面入手。

（1）接种支原体疫苗是减少支原体感染的一种有效方法　目前使用的疫苗主要有弱毒疫苗和灭活疫苗，弱毒疫苗既可用于尚未感染的健康鸡，也可用于已感染的鸡群，免疫保护率在80%以上，免疫持续时间达7个月以上。灭活疫苗以油佐剂灭活疫苗效果较好，多用于蛋鸡和种鸡。免疫后可有效地防止本病的发生和种蛋的垂直感染，并减少诱发其他疾病的机会，增加产蛋量。

鸡舍内定期进行带鸡消毒，减少水平传播的几率。平时要加强对鸡群的饲养管理，注意鸡舍的通风，减少鸡群的各种应激因素，做好鸡群各种病毒病的免疫。

（2）药物治疗是控制支原体感染的最有效的办法之一　药物治疗应尽量在感染早期使用，并要轮换用药和联合用药，疗程一般为3～7天。目前用于治疗该病的药物主要有泰乐菌毒、红霉素、林可霉素、多西环素、环丙沙星、恩诺沙星等。

（3）消除种蛋内支原体，阻断经种蛋的垂直传播　阻断经蛋传播的方法很多，如支原体油苗多次免疫法、种鸡投药法、种蛋内注射药品法、种蛋浸药法、种蛋孵化前的高温处理法以及种鸡疫苗免疫法等。当前用得较多的方法是投药法、种蛋孵化前的高温处理法以及种鸡油苗多次的免疫法，或将几种方法结合应用。同时加强鸡场的消毒、隔离等生物安全措施，保证新孵出的无支原体的雏鸡不再被感染。

（4）加强饲养管理，消除发病诱因　保证饲料中有足够的维生素，保持适宜的饲养密度，鸡舍通风良好，减少鸡舍环境中有害气体的含量，冬天气候寒冷时要注意保温。

总之，防治鸡慢性呼吸道病将是一项复杂、长期、细致的综合性工作，首先应制定严格的生物防护措施，定期地、有计划地进行鸡场鸡舍的卫生消毒；其次，选择适当的免疫程序，适时进行支原体疫苗的免疫，适时的药物预防，严格消毒，定期检疫，而且要持之以恒，坚持不懈。

第四章 鸡的寄生虫病及其他疾病

105 鸡球虫病有哪些临床症状？怎样防治？

鸡球虫病是一种全球性的常见的急性流行性原虫病，它是集约化养鸡业最为多发、危害严重且防治困难的疾病之一，是对鸡危害最严重的寄生虫病。这种病分布广，发生普遍，对雏鸡危害最大。本病以15～50日龄的鸡最易感染，气温在20～30℃和雨水较多的季节最为流行。球虫病发病率高达70%左右，死亡率20%～50%不等，严重者甚至高达80%。患鸡病愈后生长缓慢，经济效益差。

病鸡和球虫携带者是发病群体的来源。维生素A和维生素K缺乏、圈舍潮湿、空气质量差、鸡群过于拥挤、环境卫生差、饲养管理不当等是本病发生的诱因。另外，本病的发生与马立克病有密切关系，两者能相互促使发病率和死亡率增高。本病唯一感染途径是消化道，主要是雏鸡食入球虫孢子化卵囊而感染致病。饲料、饮水、尘埃、垫料为传染媒介。野禽、昆虫及饲养员、工具亦能机械传播本病。

（1）临床症状

① 急性型。被毛松乱、精神委顿、嗜睡、闭目缩头、呆立吊翅、喜欢拥挤在一起，嗉囊充满液体、便血下痢、肛周羽毛因排泄物污染粘连、喜饮或绝食。可视黏膜、冠、肉髯苍白。病末期有神经症状，昏迷，两脚外翻、僵直或痉挛。

② 慢性型。无明显症状，表现为厌食、少动、消瘦、生长缓慢、脚翅轻瘫，偶有间歇性下痢。

（2）剖检病变　主要病理变化在消化道。常见盲肠明显增粗变大（彩图35）；剖检可见出血性肠炎（彩图36）。

（3）防治措施

① 成鸡与雏鸡分开喂养，以免带虫的成年鸡散播病原导致雏鸡暴发球虫病。

② 在鸡的养殖过程中，除选好鸡苗和饲料，科学规范地饲养管理外，消毒是预防鸡球虫病的有效措施。圈舍、食具、用具用20％石灰水或30％的草木灰水或百毒杀消毒液（按说明用量兑水）泼洒或喷洒消毒。保持适宜的温度、湿度和饲养密度。

③ 本病流行季节，投喂维生素A、维生素K以增强机体免疫能力，提高抗体水平。

④ 鸡球虫病的治疗主要依赖于药物，其他辅助疗法也有一定的效果。抗球虫药的使用禁忌见本书第39问、第40问。

鸡球虫病的防治是一个长期性问题，怎样持续有效地控制球虫病，还需不断探索。任何一种方法或措施都要因地制宜，结合当地实际情况，不可完全照搬。需要结合本地实际，定期进行优势虫种调查与抗药性监测，参照历史用药，制订合理的用药方案，才能发挥最大的效益。

106 怎样防治鸡蛔虫病等肠道线虫病？

鸡蛔虫病是蛔虫卵侵害雏鸡引起的，本病主要危害3～10月龄的鸡，3～4月龄鸡最易感染而且病情最重，1年以上的鸡感染后不呈现病症而成为带虫者。该病使鸡消瘦、贫血、下痢，生长发育迟缓或停滞，甚至发生死亡。成年鸡感染后下痢严重，产蛋率下降。剖检可见肠黏膜出血发炎，肠壁上有颗粒状化脓结节；小肠内可见成虫，呈黄白色，体表有细横纹。

（1）预防　搞好环境卫生，及时清除粪便，堆积发酵，杀灭虫卵。雏鸡与成年鸡分开饲养，避免互相感染。做好鸡群的定期预防性驱虫，雏鸡于2～3月龄时驱虫1次，以后每年春、秋两季各驱虫1次。

（2）治疗　驱虫可用下列药物：

① 阿苯达唑。每千克体重 10～20 毫克，1 次内服。

② 左旋咪唑。每千克体重 20～30 毫克，1 次内服。

③ 噻苯达唑。配成 20%悬液，每千克体重 500 毫克内服。

④ 枸橼酸哌嗪（驱蛔灵）。每千克体重 250 毫克，1 次内服。

107 怎样识别和防治鸡组织滴虫病？

鸡组织滴虫病又叫传染性盲肠炎，俗称“黑头病”，是由原生生物中的火鸡组织滴虫寄生于禽类盲肠或肝脏引起的原虫病。主要传播方式是以异刺线虫为媒介，通过消化道感染发病，主要感染雏鸡，成鸡虽也能感染，但病情轻微，有时不显症状。多发生于高温潮湿多雨的夏季。

（1）临床症状　病鸡精神不振，食欲减退或废绝；羽毛蓬乱无光泽，双翅下垂，身体蜷缩，畏寒；下痢，粪便淡黄色或浅绿色，严重者粪便带有血丝，甚至大量便血。后期病鸡面部皮肤和冠髯呈紫色或暗黑色，消瘦贫血直至死亡，因此又称“黑头病”。

（2）剖检病变　主要在肝脏与盲肠：肝脏肿大，色泽变淡，表面有数量不等、大小不一、形状各异的黄色溃疡、坏死病灶，少数看上去有些凹陷，形若蝴蝶状。盲肠极度肿大，肠壁肥厚，腔内充满坚硬干酪样栓塞物，横切有阻力，切面呈管状同心圆，中心是黑褐色疏松物，外面包围着黄色渗出物和坏死物，看上去就像朦胧状态下的太阳一样。

（3）防治措施　该病的控制坚持预防为主、治疗为辅的原则。

① 加强饲养管理，搞好环境卫生，要定期对鸡的饲养场地清扫消毒。用具尽量减少污染，保持鸡舍干燥通风，有条件的应采用笼养方式，避免鸡直接接触土地面，场地最好用水泥地板，栖息架用铁丝网，粪便落下后便于用水冲走，可大大降低组织滴虫发病概率。增加饲料中维生素和矿物质含量，以提高机体免疫力，减少发病和死亡的发生。

② 定期驱虫，减少或排除异刺线虫。在 1 月龄左右开始在饲

料中添加左旋咪唑，每千克饲料加 35 毫克，连用 2 天。

③ 治疗。目前没有特效药，国外多选用抗蠕虫剂预防，我国一般选用甲硝唑等。以下几种方法都有一定疗效。

病鸡口服甲硝唑每天 2 次，每只鸡每次 0.3 克，连服 4 天。

用 5%盐酸恩诺沙星溶液 1 毫升溶于 1 000 毫升水，饮服，连用 7 天。

每只病鸡灌服盐酸左旋咪唑 1 片。

若是混合感染不应单一治疗，应因病制宜，适当用些抗生素以防因病鸡抵抗力差产生继发细菌感染。另外，在预防与治疗期间，同时喂给胃蛋白酶及干酵母片、维生素 C、B 族维生素、维生素 A；饮水时可加入适量的糖盐水，以恢复或促进鸡的消化功能，提高抗病能力，促进病鸡痊愈。

108 鸡住白细胞原虫病（鸡白冠病）有哪些临床症状？怎样防治？

该病是由鸡住白细胞孢子虫感染引起的一种血液原虫病，常寄生在鸡的血液、脏器等部位，易引起蛋鸡、肉鸡发病，特别是在笼养蛋鸡、大棚饲养的肉鸡，极易引起慢性的鸡冠贫血，俗称为“白冠病”。该病对雏鸡危害严重，常引起大批死亡。本病多发在蚊虫较多的夏秋季节，具有明显的季节性。

（1）临床症状及剖检病变　精神沉郁，闭眼、缩头、食欲减轻，每日采食量减少 1/3；体温升高，饮水量增加，呼吸困难，鸡冠、鸡爪发白；粪便稀，并呈特有白色、黄色，个别严重的鸡排红色或绿色粪便；鸡蛋颜色变化较大，70%褪色的陈旧蛋。主要病变是贫血和消瘦，特别是皮下、肌肉出血，表现为胸肌、腿肌、心肌明显。肝脏、脾脏肿大，肉眼可看到肝脏表面有灰黄色针尖大的小结节，腺胃、十二指肠、直肠、泄殖腔黏膜出血。

（2）防治措施

① 复方磺胺氯吡嗪钠可溶性粉饮水，每天早晚饮 2 次，每次饮 1 小时，连饮 4 天为一个疗程。饮水中加入电解多维，每天中午

1次，连续饮5～7天为一个疗程。磺胺二甲嘧啶片拌料，每千克料加2片，连喂4天为一个疗程。

② 盐酸土霉素每吨料加3千克，连续喂1周进行预防。

③ 做好消毒，保持饲养环境干净卫生，常用火碱喷洒地面，消除蚊蝇之类害虫。

109 怎样防治鸡绦虫病？

鸡绦虫病是由于鸡吞食了含绦虫幼虫的中间宿主（蚂蚁、甲虫、蚯蚓和陆地螺蛳）而感染的一种蠕虫病，夏秋季节是苍蝇等昆虫大量滋生繁殖的季节，也是鸡绦虫病的多发季节，每年仲夏时节中间宿主繁多，因此本病发病率也高，给养鸡场（户）带来很大的经济损失。

（1）临床症状　本病以放养的鸡多见，在笼养和集约化饲养情况下，由于不易接触到中间宿主，发病率低。本病症状与虫体的数量、机体抵抗力的大小、年龄和饲养条件等有关。成鸡体重下降，产蛋率下降，但精神正常。雏鸡严重感染时，可出现消化障碍、发育受阻、食欲减退、消瘦、精神不好等症状，有的下痢、混有血样黏液。严重时两足麻痹，不能站立，头颈扭曲，最终衰竭而死。粪便中常见有白色大米粒样的节片覆着其上，有时可见粪便中带血。

（2）剖检病变　剖检死鸡可在小肠内发现虫体，严重时阻塞肠道。肠黏膜有点状出血和卡他性肠炎。

（3）防治措施　经常清理粪便和垫料并进行发酵处理。消灭中间宿主蚂蚁、蜗牛、甲虫等。有条件的最好笼养或网上平养。不同日龄的鸡要分开饲养，实行“全进全出”的饲养方式。定期进行药物驱虫，建议在60日龄和120日龄分别进行预防性驱虫一次，对即将开产的鸡，应于开产前1个月进行一次驱虫。治疗常用药物有丙硫苯咪唑、吡喹酮、氯硝柳胺、硫双二氯酚等。

110 怎样防治鸡异刺线虫病？

鸡异刺线虫病又称盲肠线虫病，由鸡异刺线虫寄生于鸡盲肠中引起，我国各地均有发生。鸡终年均可感染，但感染高峰期在7～8月。

病鸡表现精神沉郁，食欲不振或废绝，下痢，消瘦，贫血，生长发育受阻，逐渐衰弱而死亡。成年母鸡产蛋量下降或停止。剖检可见盲肠肿大，肠壁发炎和增厚，间或有溃疡，在盲肠尖部可发现虫体。

该病的防治可参照鸡蛔虫病的防治方法，但尚需注意杀灭禽舍内及运动场中的蚯蚓、鼠类和昆虫。

111 怎样防治鸡虱？

鸡虱是鸡常见的体外寄生虫，主要寄生在鸡的羽毛和皮肤上，约有芝麻粒大。鸡虱主要通过直接接触传播，也可通过公共用具间接传播。鸡遭受鸡虱的叮咬刺激，皮肤发痒而啄痒不安，出现羽毛断落，皮肤损伤；鸡由于长期得不到很好休息，食欲不振，引起贫血消瘦。严重的可以使幼鸡死亡，生长期的鸡发育受阻，蛋鸡的产蛋量下降；鸡对疾病的抵抗力显著降低，易继发感染其他疾病。秋冬季节，鸡的绒毛较密，体表温度高，鸡虱较易繁殖，因此应做好鸡舍内外的环境卫生以防此病。一旦发生，应采取以下灭虱措施：

（1）体表灭虱

① 喷雾灭虱。春、秋、冬季中午，可选用无毒灭虱精或用侯宁杀虫气雾剂、无毒多灭灵、溴氰菊酯（灭百可）等，按产品说明配制成稀释液，进行喷雾（将鸡抓起逆向羽毛喷雾）。

② 沙浴灭虱。成鸡可选用硫黄沙（黄沙10份加硫黄粉0.5～1份搅拌均匀）或用无毒灭虱精、伊维菌素、阿维菌素等，按产品说明配制成稀释液，再按黄沙10份加稀释液0.5～1份，搅拌均匀后进行沙浴。

（2）环境灭虱　可选用无毒灭虱精或侯宁杀虫气雾剂、无毒多灭灵、杀灭菊酯、溴氰菊酯等，按产品说明配制成稀释液，对鸡舍、运动场的地面、墙壁及其缝隙、栖架、垫草等进行喷洒，杀灭环境中的鸡虱。必要时隔15～28天重复用药1次。

（3）注意事项

① 上述药物剂量仅供参考，应以产品说明为准。用药时计算、称重一定要准确，搅拌要均匀。首次用药应先用10～20只鸡做小群试验，无不良反应时，方可逐步扩大使用，有不良反应时可适当减少剂量或改用其他毒性较小的药物。

② 灭虱药物均有一定的毒性，不要污染饲料和饮水，用药后要及时清理残留的药液或药沙。鸡舍喷洒药物后需充分通风换气。

112 怎样防治鸡螨虫病？

鸡螨虫病由螨虫寄生引起，因鸡螨虫的种类、寄生部位、习性的不同而防治方法各异。

（1）鸡刺皮螨病　刺皮螨又称红螨、栖架螨和鸡螨，呈世界性分布，我国各地均有存在。它常分布在鸡舍的墙缝、鸡窝缝隙、鸡笼的焊接处、饲料渣及粪块下面等处。鸡刺皮螨利用尖细的螯肢穿刺宿主的皮肤吸吮血液，能对鸡群引起严重损害，俗称“栖架病”。一般昼伏夜出吸血、饱食后离开鸡体返回栖息地。其数量多时，鸡贫血消瘦，产蛋量明显减少。如果产蛋窝内白天比较阴暗，鸡螨也会到鸡身上吸血，以致鸡不愿进窝产蛋。雏鸡如果感染严重，则会因大量失血可能造成死亡。螨成虫和稚虫在晚上爬到鸡身上吸血，其余时期均躲在鸡舍的缝隙当中。成虫能耐饥饿，不吸血状态可生存82～113天。

患病鸡表现为日渐衰弱，贫血，产蛋量下降，严重的可衰竭死亡。鸡的刺皮螨为红色，易于在鸡舍中发现，找到虫体后即可确诊。

灭虫方法：

① 对鸡舍内卫生死角彻底打扫，清除陈旧干粪、垃圾杂物，能烧的烧掉，其余用杀虫药液充分喷淋，堆到远处。将2.5％的溴氰菊酯以1∶2 000倍稀释后直接喷洒于鸡刺皮螨栖息处，也可用0.25％蝇毒磷或0.5％马拉硫磷水溶液喷洒，第1次喷洒后7～10天再喷洒1次，注意不要喷进料槽与水槽。

② 对于散养鸡群，以每千克饲料40毫克蝇毒磷拌喂，连用10～14天，或以每千克饲料0.4毫克剂量的灭虫丁，混于饲料中一次内服。

预防鸡刺皮螨的有效措施，是对鸡群采取笼养，而且鸡笼四面不要靠墙。

（2）鸡膝螨病　突变膝螨寄生于鸡趾和胫部皮肤鳞片下面，刺激皮肤发炎，使鸡脚发肿、变形，趾骨坏死，影响蛋鸡产蛋。成虫在皮肤下挖洞，在洞中产卵，孵化幼虫，幼虫再蜕化后发育为成虫。突变膝螨使趾及胫部无羽毛皮肤发炎增厚，常形成“石灰脚”病，严重者行走困难，甚至发生趾骨坏死。鸡膝螨沿羽轴穿入皮肤，使局部皮肤发炎，奇痒。鸡常啄咬患部羽毛，严重时羽毛几乎脱光，故称“脱羽病”。病鸡体重下降，产蛋鸡则产蛋量也下降。用小刀蘸油类液体刮取病变部皮肤进行镜检，查到虫体即可确诊。

灭虫方法：

① 鸡脱羽痒症的治疗。取松焦油1份，硫黄1份，软肥皂2份，0.5%酒精液2份，混合调匀后涂擦患处。也可用10%硫碘软膏涂擦治疗。

② 鸡石灰腿症的治疗。将患部浸入温水或肥皂水中，使痂皮软化，然后刷去痂皮，待干后涂上一层煤油，每天1次，7天为一个疗程；或清除痂皮后涂擦10%硫黄软膏。

（3）羽管螨病　由羽管螨寄生在鸡羽毛羽管中引起的。鸡感染最多的是飞羽，其次是复羽，再次是尾羽。南方感染率高，北方感染率低。该病无显著临床症状，少数鸡在皮肤上形成芝麻大小的充血、出血点，无炎症反应。该病对产蛋有一定影响。感染该病的羽管内有黄色粉末，一般在羽管下部。虫体少时看不到粉末，可将羽管纵向剪开，在解剖镜下检查到虫体即可确诊。

其他药物疗效均不佳，可考虑阿维菌素按有效成分每千克体重0.3～0.4毫克，拌料喂服。

113 鸡维生素A缺乏症有哪些症状？怎样防治？

饲料中缺乏维生素A时，雏鸡和成年鸡能够消耗肝脏和其他体组织中储存的维生素 A，因此，缺乏初期只影响鸡的生长发育、产蛋率、种蛋孵化率及免疫机能。而缺乏持续时间比较长时，一般雏鸡需要 6～7 周，成年鸡需 2～3 个月，才出现明显的缺乏症状。种鸡饲料中缺乏维生素 A 时，孵出的鸡体质较弱并在出壳 1 周后就可出现缺乏症状。

（1）临床症状　维生素 A 缺乏时，鸡群会出现以下几种主要症状：

① 夜盲症，是维生素 A 缺乏时的最初症状之一。

② 上皮组织发生过度角质化，当维生素 A 缺乏时，导致上皮组织干燥和过度角质化，从而使上皮丰富的部位，如眼、呼吸道、消化道、泌尿道及生殖道等部位出现病变。因此，临床上常可见到病鸡眼中流出一种乳状的液体，上下眼睑为渗出物所黏合，眼睑内有干酪样物质沉积，眼球凹陷，角膜混浊成云雾状，失明或半失明。病鸡的鼻孔中也流出黏稠的分泌物，呼吸困难，常张口呼吸，有时还能发出“咕噜”音。由于生殖道上皮受损，产蛋鸡除出现上述症状外，还会出现产蛋量下降、血斑蛋的发生率增加等症状；而公鸡由于睾丸上皮细胞受损使精子数量减少、活力降低并出现较多的畸形精子。

③ 鸡的体重和骨骼发育以及生产性能受到影响。维生素 A 缺乏时，鸡群表现为生长缓慢、体重减轻、羽毛蓬乱、喙和脚趾部位的黄色减退、脂肪沉积减少和肌肉萎缩等营养不良的症状。此外，维生素 A 缺乏时，病鸡软骨内成骨受到抑制及骨皮质变薄，大脑和脊髓相对于中周骨骼呈现不对称生长，脑组织受到压迫而出现共济失调的神经症状。

（2）防治措施

① 预防。用来生产全价配合饲料的常规动物性和植物性原料，基本上不含维生素 A，因此根据各品种鸡的饲养标准在饲料中添加足量的维生素 A，是防止本病发生最重要的环节。此外，全价配合饲料储存时间不能太久，以免饲料发生腐败、变质及氧化而破坏饲料中包括维生素 A 在内的多种营养成分，特别是在夏天，用户更

应注意这个问题。

② 治疗。鸡群发生本病时，可用优质维生素 AD_3 粉，剂量为每千克饲料 2 克，或单项维生素 A，剂量为每千克饲料1 000～50 000单位进行全群治疗；维生素 A 过量易引起家禽中毒。重症病鸡可同时用进口“速补 14”“速补 18”“速补 20”或国产的同类药品进行饮水来配合治疗。对患有眼疾的病鸡，在采取上述措施的同时，还必须用 2%～3%硼酸溶液进行点眼治疗。

114 鸡 B 族维生素缺乏症有哪些症状？怎样防治？

B 族维生素包括 10 多种维生素，主要参与鸡体内物质代谢，是各种生物酶的重要组成成分。B 族维生素之间的作用相互协调，一旦缺乏某一种会引起另一种机能发生障碍，发病时常呈综合症状。B 族维生素缺乏的症状表现为：雏鸡生长缓慢，衰弱消瘦，足趾向内弯曲，腿部瘫痪，行走困难，以飞节行走，翅展开以维持身体平衡，腿部肌肉萎缩或松弛，皮肤干而粗糙；病后期，腿伸开卧地，不能移动，消化障碍，发生严重下痢。母鸡出现产蛋量减少，蛋的孵化率降低，胚胎死亡；出壳雏鸡的特征性变化为脚趾蜷曲，绒毛稀少呈结节状，卵黄吸收迟缓。

因 B 族维生素在体内无贮存，主要依靠饲料补给，如果补充不足可造成 B 族维生素缺乏症。发生缺乏症时，在每千克饲料中加入 4 毫克复合 B 族维生素，疗效良好；但如发展到蜷趾畸形，坐骨神经损伤过度，则治疗难以收效。各种青绿饲料、酵母中 B 族维生素含量较高，而鸡日粮中常用的禾谷类饲料中 B 族维生素特别贫乏，必须注意补给。

115 鸡白肌病的发病机制是什么？有哪些症状？怎样防治？

白肌病是由于硒和维生素 E 缺乏引起的以骨骼发育不良，肌肉色淡甚至苍白，渗出性素质为特征的营养缺乏症。该病发生的主要原因是日粮中含有毒性物质（鱼粉、肉粉、骨粉、油渣等所含脂肪在其氧化过程中所产生的腐败产物），配合饲料长期或不适当的贮存，以及在日粮中长期缺乏维生素 E 所致。而幼禽的发病也常常是在缺乏维生素 E、硒和含硫氨基酸时才发生。

（1）临床症状

① 渗出性素质，常以 2～3 周龄的雏鸡发病为多，到 3～6 周龄时发病率高达 80%～90%，多呈急性经过。病雏躯体低垂，胸腹部皮肤出现淡蓝色水肿样变化，可扩展至全身。排稀便或水样便，最后衰竭死亡。剖检可见到水肿部有淡黄色的胶冻样渗出物或淡黄绿色纤维蛋白凝结物。

② 白肌病以 4 周龄幼雏易发，表现为全身软弱无力，贫血，腿麻痹而卧地不起，羽毛松乱，翅下垂，衰竭而亡。患禽主要病变在骨骼肌、心肌、胸肌、肝脏、胰脏及肌胃，其次为肾脏和脑。病变部肌肉变性、色淡、呈煮肉样，呈灰黄色、黄白色的点状、条状、片状不等。心肌扩张变薄，多在乳头肌内膜有出血点；胰脏变性，体积缩小有坚实感。

③ 脑软化症主要表现为平衡失调、运动障碍和神经紊乱症状。硒和维生素 E 缺乏皆可导致该症状，而以维生素 E 缺乏为主。

（2）防治措施

① 正常日粮中每千克饲料应含 0.1～0.2 毫克的硒，通常以亚硒酸钠形式添加，同时应有 20 毫克维生素 E。

② 缺乏时，少数患禽可用 0.01%亚硒酸钠生理盐水肌注，雏鸡为 0.1～0.3 毫升，成鸡 1 毫升，同时喂维生素 E 油 300 国际单位。每千克饲料中添加 0.1～0.15 毫克亚硒酸钠，或用 0.1%的亚硒酸钠饮水，5～7 天为一疗程，但应严防中毒。

③ 维生素 C 可增强维生素 E 和硒的活性。当维生素 C 增加时，维生素 E 和硒的吸收率也随之增长，故饲料或饮水中亦可添加维生素 C。

116 引起鸡钙、磷缺乏症的原因有哪些？

钙、磷在骨骼组成、神经系统、肌肉和心脏正常功能的维持及血液酸碱平衡、促进凝血等方面发挥着重要作用。钙和磷缺乏症是一种以雏鸡佝偻病、成鸡骨软病为特征的营养代谢症。引起鸡钙、磷缺乏症的原因主要有以下几点：

（1）饲料中钙、磷含量不足　鸡生长发育和产蛋对钙、磷需要量较大，如果补充不足，则容易产生钙、磷缺乏症。

（2）饲料中钙、磷比例失调　饲料中钙、磷比例失调会影响两种元素的吸收，雏鸡和产蛋鸡的饲料中钙磷比应为 2∶1 至4∶1 之间。

（3）维生素 D 缺乏　维生素 D 在钙、磷吸收和代谢过程中起着重要作用。如果维生素 D 缺乏，则会引起钙、磷缺乏症的发生。

（4）其他因素　如日粮中蛋白质、脂肪、植酸盐含量过多、环境温度过高、运动少、日照不足及疾病、生理状态等都会影响钙、磷代谢和需要量，引起钙、磷缺乏症。

117 鸡锌缺乏症有哪些症状？怎样防治？

锌缺乏症是由于锌缺乏引起以羽毛发育不良，生长发育停滞，骨骼异常，生殖机能下降等为特征的营养缺乏症。锌是机体许多酶活化所必需的物质，参与机体内蛋白质核酸代谢，在维持细胞膜结构完整性，促进创伤愈合方面起着重要作用。

（1）临床症状

① 雏鸡缺锌时食欲下降，消化不良，羽毛发育异常，翼羽、尾羽缺损，严重时无羽毛，新羽不易生长。发生皮炎、角化呈鳞状，产生较多的鳞屑，腿和趾上有炎性渗出物或皮肤坏死，创伤不易愈合。生长发育迟缓或停滞。骨短粗，关节肿大。

② 成鸡产蛋量降低，蛋壳薄，孵化率低，易发啄蛋癖。孵出雏鸡畸形，骨骼发育不良，死亡率高。

（2）防治措施

① 正常鸡日粮每千克应含有 50～100 毫克的锌，可通过增加鱼粉、骨粉、酵母、花生粕、大豆粕等用量及添加硫酸锌、碳酸锌和氯化锌补充。

②缺乏时对少数鸡只可肌内注射氧化锌5毫克，发病较多时可在每千克饲料中增加60毫克的氧化锌治疗。

118 鸡黄曲霉毒素中毒有哪些特征？怎样防治？

由于采食了被黄曲霉菌或寄生曲霉等污染的含有毒素的玉米、花生粕、豆粕、棉籽饼、麸皮、混合料和配合料等而引起的。以幼龄鸡最为敏感。

（1）临床症状

①雏鸡表现精神沉郁，食欲不振，消瘦，鸡冠苍白，虚弱，惨叫，拉淡绿色稀粪，有时带血。腿软不能站立，翅下垂。

②育成鸡精神沉郁，不愿运动，消瘦，小腿或爪部有出血斑点，或融合成青紫色，如乌鸡腿。

③成鸡耐受性稍高，病情和缓，产蛋量减少或开产期推迟，个别可发生肝癌，呈极度消瘦的恶病质而死亡。

（2）防治措施

①立即停喂霉变饲料，更换新料，减少饲料中脂肪含量。

②饮服5%葡萄糖水、水溶性电解多维或多种水溶性维生素。

③严格控制温度、湿度，注意通风，防止淋雨。为防止饲粮发霉，可用福尔马林对饲料进行熏蒸消毒；也可在饲料中加入防霉剂，如在饲料中加入0.3%丙酸钠或丙酸钙，或抗霉素等。

④染毒饲料去毒。可采用水洗法，用0.1%的漂白粉水溶液浸泡4～6小时，再用清水浸洗多次，直至浸泡水无色为宜。

119 鸡磺胺类药物中毒有何特征？怎样防治？

磺胺类药物是防治家禽传染病和某些寄生虫病的一类最常用的化学合成药物。磺胺药物的治疗剂量与中毒量接近，用药剂量过大，或连续使用超过7天，即可造成中毒。

（1）临床症状

①生长鸡精神沉郁，食欲减退，羽毛松乱，生长缓慢或停止，虚弱，头部苍白或发绀，黏膜黄染，皮下有出血点，凝血时间延

长，排酱油状或灰白色稀粪。

② 产蛋鸡食欲减少，产蛋量下降，产薄壳蛋、软壳蛋或蛋壳粗糙。

特征变化为：皮下、肌肉广泛出血，尤以胸肌、大腿肌更为明显，呈点状或斑状。血液稀薄。骨髓褪色黄染。肠道、肌胃与腺胃有点状或长条状出血。肝、脾、心脏有出血点或坏死点。肾肿大，输尿管增粗，充满尿酸盐。

诊断依据为：有超量或连续长时间应用磺胺类药物的病史；症状以出血或溶血性贫血为特征；剖检变化为全身性广泛性出血。

（2）防治措施　平时使用该类药物时间不宜过长，一般连用不超过 5 天。产蛋鸡禁止使用磺胺类药物。多选用高效低毒的磺胺类药物，如复方新诺明、磺胺喹噁啉、磺胺氯吡嗪等。中毒后立即更换饲料，停止饲喂磺胺类药物，供给充足饮水。在饮水中加入 1% 小苏打和 5%葡萄糖溶液，连饮 3～4 天。每千克饲料中可加入 5 毫克维生素 K_3，连用 3～4 天。

120 鸡一氧化碳中毒有何特征？怎样防治？

一氧化碳是一种无色、无臭、无味的气体，不易溶于水。一氧化碳中毒是由于家禽吸入一氧化碳后，在血液中形成多量的碳氧血红蛋白致使全身组织乏氧的一种疾病，常可导致鸡只大批死亡。养鸡生产中多因鸡舍保温取暖时，煤炭燃烧不充分、排烟不畅及通风不良所引起，一般多为慢性。据认为，当舍内空气中一氧化碳含量达到0.1%～0.2%时即可引起中毒，当达到 3%含量时则会引起家禽窒息死亡。

中毒鸡精神沉郁，羽毛松乱，食欲减退，生长发育迟缓，喙呈粉红色。严重中毒者表现精神不安，烦躁，呼吸困难，昏迷，嗜睡，运动失调，瘫痪，少数鸡不时发出叫声，头向后仰，死前出现痉挛或惊厥。剖检可见血液为鲜红色或樱桃红色，黏膜及肌肉色泽鲜红。嗉囊、胃肠道内空虚，肠系膜血管呈树枝状充血，心内、外膜上可见散在的出血点。

发现中毒时，可将病鸡迅速转移到空气新鲜、温度适宜的舍内，即可逐渐好转，或者尽快打开门窗和通风换气设备，换进新鲜空气。为防止中毒造成机体抵抗力下降以及通风换气时温差骤变导致鸡继发感染，可应用红霉素按 0.04%的比例拌入饲料内，搅拌均匀后给全群鸡喂饲。将 20%的维生素 C 200 毫升、白砂糖 400 克、硫酸链霉素 80 万单位溶于 10 千克水中，供鸡饮用，也有助于病鸡康复。

预防一氧化碳中毒，应经常检查鸡舍或育雏舍内的取暖设备，特别是在寒冷季节用煤炉取暖时，要注意与煤炉相连的烟囱周围障碍物造成的气流环境及其应有的高度，以免在风向多变时因戗风造成煤烟逆返、倒烟。舍内要设有风斗或通风孔及其他通风换气设备，并定期检查，确保室内通风换气良好。

121 鸡氨气中毒有何特征？怎样防治？

冬季气候寒冷，有些肉鸡养殖户为了给鸡舍保温而忽视了通风换气，对鸡群排泄的粪便和潮湿的垫料不及时清除，致使鸡舍内氨气蓄积，浓度增大，导致鸡氨气中毒或引发其他疾病。

氨气能强烈地刺激雏鸡呼吸道黏膜和眼角膜，氨气中毒的雏鸡群精神不振，食欲减退，口腔液体黏稠，渴欲增加，眼角膜潮红、充血、发炎，头脸颊呈青紫色；重症鸡步态不稳，呼吸困难，呼吸道分泌物增多。产蛋禽产蛋明显下降。重者可失明，眼角有浓稠分泌物，抽搐死亡。

剖检可见皮下黏膜有针尖大小出血点，咽喉部、气管出血，并有灰白色分泌物，肺瘀血、水肿，心肌松软，有的可见心包积液；肝、脾肿大，质度变脆；腺胃黏膜出血、溃疡，肌胃角质膜易剥离。

为了防止雏鸡氨气中毒，建议养殖场和养殖户做好以下几个方面的工作：

（1）铺设垫料要达一定的厚度，最好在 5 厘米以上。

（2）饲养管理过程中，尽量少洒水，防止水槽漏水，弄湿垫料。

（3）如果鸡舍内温度过高，则应及时清除舍内粪便及垫料。

（4）注意在鸡舍顶部设置天窗，并在晴天的中午经常开窗通风换气，搞好舍棚内的清洁卫生工作。

（5）当饲养员进入鸡舍感到氨气刺鼻和刺眼时，应立即打开门窗通风换气。若有鸡氨气中毒，可立即灌服1%稀醋酸进行救治，每只鸡灌5～10毫升；并给整个鸡群饮5%葡萄糖水和维生素C每只0.05～0.1克，或1∶3 000倍的硫酸铜溶液。为了防止鸡呼吸系统继发感染，用3.5克北里霉素拌10千克饲料饲喂，或用其他防止呼吸道病的药物预防。

122 鸡食盐中毒有什么特征？是怎么引起的？怎样防治？

食盐又称氯化钠，存在于鸡体所有的体液、软组织和鸡蛋。食盐有使鸡体组织保存一定水分的作用，它还是形成胃液的原料，对脂肪和蛋白质的消化吸收有重要作用，又能改善日粮的适口性，促进食欲，提高饲料利用率，是一种必需的营养物质。成年鸡每天需0.5～1.0克，而雏鸡的需盐量为其采食量的0.5%～1.0%，若鸡摄入过多盐分，极易引起中毒。

食盐中毒的病鸡表现饮欲增加而大量饮水和惊慌不安地尖叫，口鼻内有大量黏液流出，嗉囊软肿，排水样稀粪，运动失调，时而转圈，时而倒地，步态不稳，抽搐，于昏睡中死亡，有时伴有神经症状。剖检病死鸡，可见皮下组织水肿，食道、嗉囊、胃肠黏膜充血或者出血，腺胃表面形成假膜；血液黏稠，凝固不良；肝肿大；肾变硬，色淡。病程长的还可见肺水肿、腹水、心脏有针尖状出血点。

养鸡生产中应严格控制饲料中食盐的含量，尤其对幼鸡。

（1）严格检测饲料原料鱼粉或者副产品的盐分含量；另一方面配料时添加的食盐也要求粉细，混合均匀。

（2）发现鸡中毒后，立即停喂原有饲料，换无盐或低盐、易消化的饲料，供给充足的切碎的嫩青菜叶，并至康复。

(3) 同时供给病鸡5%的葡萄糖水或者红糖水以利尿解毒，每小时1次，每次1～2毫升；对病情严重的另加0.3%～0.5%的醋酸钾溶液逐只灌服，中毒早期服用植物油缓泻可减轻症状。

(4) 待鸡群趋于正常后用0.2%肾肿解毒药全群饮水，同时在日粮中添加适量的多种维生素，连用3～5天。饮水中加入淀粉、牛奶、豆浆等包埋剂，防止食盐损伤消化道黏膜。

(5) 用鲜芦根50克、绿豆50克、生石膏30克、天花粉30克，水煎服，或甘草500克、绿豆2 500克，水煎服。

123 导致鸡啄癖的原因有哪些？怎样防治？

在鸡的异常行为中，以啄癖造成的损失最大。所谓啄癖，是指啄羽、啄肛、啄尾、啄趾、啄蛋等恶习。啄癖可发生于鸡的任何年龄段和任何饲养方式（除单饲外），尤以雏鸡和笼养群饲为甚。轻者啄伤翅膀、尾基，造成流血伤残，影响生长发育和生产性能；重者啄穿腹腔，拉出内脏而致死。因此，预防啄癖对养鸡生产具有十分重要的经济意义。

(1) 啄癖发生的原因　啄癖发生的原因很复杂，主要包括环境、日粮、激素及疾病等因素。

① 环境因素。鸡舍潮湿，温度过高，通风不畅，有害气体浓度高，光线太强，密度过大，外寄生虫侵扰，限制饲喂，垫料不足等。

② 日粮因素。日粮营养不全价，蛋白质含量偏少，氨基酸不平衡，粗纤维含量过低，维生素及矿物质缺乏，食盐不足，玉米含量过高等。全价日粮颗粒料比粉料更易引起，笼养比平养更易发生。

③ 激素因素。鸡即将开产时血液中所含的雌激素和黄体酮增长，公鸡雄激素增长，都是促使啄癖倾向增强的因素。

④ 疾病因素。如肛周脏乱，患有传染性法氏囊炎、大肠杆菌病、白痢的鸡，早期临床症状往往表现肛周脏污，由自啄清理引发

互啄。鸡感染体表寄生虫，如羽虱、螨、蜱等，寄生虫刺激机体引起皮炎，使鸡只不安而自啄，一旦自啄出血，会引发互啄。鸡因应激产双黄蛋、大蛋或初产而引起肛门破裂；鸡因病引起泄殖腔外翻；鸡因病引起输卵管下垂，都会诱发啄癖。还有如马杜拉霉素轻度中毒、食入发霉饲料等，也会引起啄癖。

（2）防治措施

① 及时移走互啄倾向较强的鸡只，单独饲养，隔离被啄鸡只。在被啄的部位涂擦龙胆紫、黄连素等苦味强烈的消炎药物，一方面消炎，另一方面使鸡知苦而退。作为预防，可用发电机用过的废机油涂于易被啄部位，利用其难闻气味和难看的颜色使鸡只失去兴趣。

② 断喙尽管不能完全防止啄癖，但能减少发生率及减轻损伤。7～10日龄断喙效果较好，开产前再修喙一次。断喙务求精确，最好请专业人员来做，成功的断喙既可以防止啄癖又可以减少饲料的浪费。

③ 加强通风换气，降低饲养密度；严格控制光照与温湿度：最大限度地降低舍内有害气体含量，为鸡只提供足够的空间，可减少啄癖发生的机会。光照时间严格按饲养管理规程给予，光照过强，鸡啄癖增多。育雏期光照控制不当，产蛋期易发生啄癖，造成无法弥补的损失。避免环境不适而引起的拥挤堆叠、烦躁不安、啄癖增强。

④ 合理配合饲粮。饲料要多样化，搭配要合理。最好根据鸡的年龄和生理特点，给予全价日粮，保证蛋白质和必需氨基酸、矿物质、微量元素、维生素的供给，在母鸡产蛋高峰期，要注意钙、磷饲料的补充，使日粮钙的含量达到3.25%～3.75%，钙、磷比例为6.5∶1。

⑤ 在日粮中添加0.2%的蛋氨酸，能减少啄癖的发生。每只鸡每天补充0.5～3克生石膏粉，啄羽癖会很快消失。缺盐引起的啄癖，可在日粮中添加1.5%～2%食盐，连续3～4天，但不能长期饲喂，以免引起食盐中毒。

⑥ 已形成啄癖的鸡群，可将舍内光线调暗或采用红色光照，也可将瓜藤类、块茎类和青菜等放在舍内任其啄食，以分散其注意力。

⑦ 补喂沙砾，提高消化率。可从河砂中选出坚硬、不易破碎的砂石，雏鸡用小米粒大小，成鸡用玉米粒大小，按日粮0.5%～1%掺入。

124 怎样防治肉鸡腹水综合征？

肉鸡腹水综合征又名鸡腹水症、心衰综合征、鸡高原海拔病，是由多种致病因子造成慢性缺氧、代谢机能紊乱而引起的右心室肥大扩张、肺瘀血水肿、肝肿大和腹腔大量积液为特征的综合征。它和猝死症、腿病构成当今严重危害肉鸡生产的三大疾病。

虽然本病在各类家禽中均可发生，但最多发、最常见的是肉仔鸡，特别是迅速生长的肉鸡。肉眼可见的最明显的临床症状是病鸡精神沉郁，缩头嗜睡，独处一隅，羽毛蓬乱，反应迟缓，步态不稳，食欲减退，饮欲稍增加，呼吸轻度困难，鸡冠和肉髯发绀，腹部膨大，呈水袋状，触压有波动感，腹部皮肤变薄发亮。严重者皮肤瘀血发红，有的病鸡站立困难，以腹部着地而呈企鹅状，行动迟缓，呈鸭步样。病程一般为 7～14 天，死亡率10%～30%，最高达 50%。

目前，对肉鸡腹水综合征尚无理想的治疗方法，使用强心药（如苯甲酸钠咖啡因、士的宁、盐酸麻黄素、醋酸钾）对早期病鸡有一定的治疗效果；腹水严重的病鸡可穿刺放液，穿刺部位选择腹部最低点，以便排出积液（每次排液量不可太多，以免引起虚脱），为防继发感染可同时使用抗生素。针对该病应着眼于预防，预防措施如下：

（1）2 周龄以前，饲料中蛋白质和能量不宜过高。

（2）控制雏鸡光照，有规律地采取 23 小时光照加 1 小时黑暗饲养法。

（3）减少饲养密度，严禁饲喂霉败、变质饲料。

（4）添加碳酸氢钠。日粮中添加碳酸氢钠可降低肉鸡腹水综合征的发病率。鸡在酸中毒时可造成肺部血管缩小从而导致肺动脉压增高，而加入碳酸氢钠可中和酸中毒，使血管扩张而使肺动脉压降低，从而降低腹水症的发病率。

（5）早期限饲。由于该病发生的日龄越来越早，采取早期限饲可有效地减少腹水症及死亡，可使腹水症死亡率降低27%左右。另外，采用低能开食料也可减少肉鸡腹水症的发生。

（6）改善饲养环境。在高密度饲养肉仔鸡的生产中，舍内空气中的氨气、灰尘和二氧化碳的含量是诱发腹水症的重要原因。所以，应调整饲养密度，改善通风条件，减少舍内有害气体及灰尘的含量，使之有充足的氧气。增加饲料中维生素C的含量，补充钾离子以维持体内电解质平衡，合理搭配饲料，增加利尿药物等，均可减少该病的发生。

（7）孵化缺氧是导致腹水症的重要因素，所以在孵化的后期，向孵化器内补充氧气，也可减少腹水症的发生。

125 怎样防治肉鸡猝死综合征？

肉鸡猝死综合征（SDS）是一种发生于肉鸡中的非传染性的常见病，该病常发生于生长快、体况良好的肉鸡群。其特点是发病急、死亡快。随着肉鸡饲养业的发展，由此病所造成的经济损失也日趋严重。该病的发生与环境、饲料、遗传、酸碱平衡、个体发育及所用药物有关。可以从以下几方面进行防治：

（1）鸡舍远离闹市区和交通要道，不要经常更换鸡舍及饲养人员，保持舍内卫生清洁，舍内通风换气要好，密度要适当。保持鸡群安静，尽量减少噪音及其他应激因素。3周龄前光照时间及光照强度不能太长太强。

（2）配制饲料的各种营养成分要平衡。肉仔鸡生长前期一定要给予充足的生物素、硫胺素等B族维生素以及维生素A、维生素D、维生素E等，适当控制肉仔鸡前期的生长速度，不用能量太高的饲料。不主张在1月龄前加油脂，若要添加油脂时，要用植物油代替动物脂肪。减少喂颗粒料，这些都可有效地降低本病的发生。

（3）注意调节好饲料的酸碱平衡以及电解质离子平衡。雏鸡在10～21日龄时，可用碳酸氢钾、乳糖、葡萄糖及足够的 Na^+、K^+、Cl^- 等离子，从而保持酸碱及离子平衡。雏鸡在10～21日龄时，可按每只用碳酸氢钾0.5～0.6克饮水或每吨饲料添加3～4千克碳酸氢钾拌料进行预防，效果较好。

126 怎样防治产蛋鸡猝死症？

产蛋鸡猝死症又称产蛋疲劳症或新开产母鸡症。主要特征是笼养产蛋鸡夜间突然死亡或瘫痪。本病的发生原因复杂，夏季高温缺氧，通风不良是诱发该病的重要原因之一。

（1）临床症状

① 急性发病往往突然死亡，初开产的鸡群在产蛋率20%～60%时死亡最多。在表面健康、产蛋较好的鸡群白天挑不出病鸡，但第二天早晨可见到死亡的蛋鸡，越高产的鸡死亡率越高。死鸡多见泄殖腔突出。

② 慢性病鸡则表现为瘫痪，不能站立，以跗关节蹲坐。

（2）防治措施

① 加强饲养管理，保证鸡舍内有良好的通风换气。

② 育成青年母鸡在将近性成熟时提高饲养水平，同时考虑补充钙磷。

③ 每吨饲料中添加维生素C 500～1 000克可缓解病情。

④ 用抗生素预防肠炎和输卵管炎，青霉素、链霉素每只鸡各2万单位饮水，用泰乐菌素饮水亦有较好的效果。

⑤ 对病情严重的鸡群，晚间11点到凌晨1点开灯1～2次，让鸡自由喝水，减少血液的黏度，减轻心脏负担，降低死亡率。

127 怎样防治蛋鸡输卵管囊肿？

本病多发于初开产的产蛋鸡，父母代种鸡多见，患鸡外观正常，鸡冠发育良好，腹部膨大，下垂，拉稀，行如企鹅，有波动感，易被误诊为腹水症。

（1）剖检病变

① 输卵管内可见较大的囊肿物，囊肿液清澈透明，无色无味，有的体积可达500毫升以上。

② 内脏器官因受压迫萎缩变小，卵巢不能正常发育，但有时可见发育成熟的卵泡。

③ 在一些鸡群中可见到输卵管有不同程度的小囊肿，从花生粒到鸡蛋大小不等，卵泡发育良好，但不能正常产蛋。

（2）防治措施 该病药物治疗效果不理想，只能淘汰病鸡。

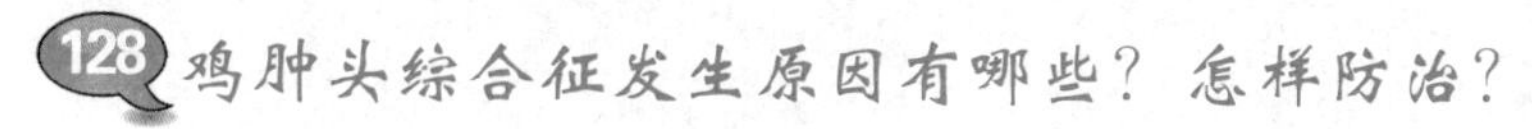

128 鸡肿头综合征发生原因有哪些？怎样防治？

鸡肿头综合征是一种传染性疾病，其主要特征为病鸡头、脸部肿胀。

本病病因尚无统一认识，试验表明，本病发生与大肠杆菌、金黄色葡萄球菌、链球菌、传染性法氏囊病病毒、传染性支气管炎病毒等的侵入有关，与肺病毒也有关。环境因素对本病的发生影响很大，潮湿、浓氨、通风不良和鸡群密集，常促使本病发生和流行。

病鸡初出现喷嚏或发出咯咯声，1天内可见鸡结膜潮红和泪腺肿胀，患鸡用爪抓面部，表现面部痛痒，接着可见少数鸡眼周围及头部水肿，2～3天后，头、眼睑显著水肿，结膜发炎，因泪腺肿胀，内眼角呈卵圆形隆起，眼睛闭合。有的下颌、颈上部和肉髯也出现水肿，少数病鸡出现斜颈、转圈、共济失调和角弓反张。常见腹泻，粪便呈绿色，恶臭。病鸡因无法采食，或因某些条件性致病菌导致败血症而死亡。蛋鸡产蛋量几天内略有下降。

剖检病死鸡可见眼结膜炎，头、面部及眼睑周围皮下组织严重水肿，切开时可见胶样浸润。泪腺、结膜和面部皮下组织有数量不等干酪样渗透物，气管下部有小出血点，死鸡多伴发卵黄性腹膜炎，鼻黏膜有细小瘀血斑点，严重者黏膜出现广泛的由红到紫颜色变化。

目前对本病无特异性的免疫和治疗方法，在防制本病的方法上采取综合防制措施，改善和加强饲养管理，加强防疫卫生，做好鸡舍内通风换气。对发病的鸡使用抗生素或磺胺类药物，控制并发性细菌感染。也可用氟甲喹治疗本病，连用 2～3 天。

常见鸡病诊断

129 哪些鸡病可表现下痢症状？

正常情况下，鸡粪便呈条状或团状，表面有少量的尿酸盐。颜色因饲喂的饲料不同而不同，一般呈灰色、灰绿色和褐色，盲肠粪便为棕黄色。鸡下痢是指鸡机体因受到病原微生物和寄生虫的侵染及饲养管理不善引起的胃肠道功能紊乱，使粪便的性状和颜色发生变化的消化道疾病的总称。一般情况下，鸡发生下痢后，粪便黏稠、恶臭，带有泡沫，颜色呈黄色、红色、白色、黑色或绿色等。通常情况下，鸡表现下痢症状主要考虑由以下疾病（图 5－1）引起。

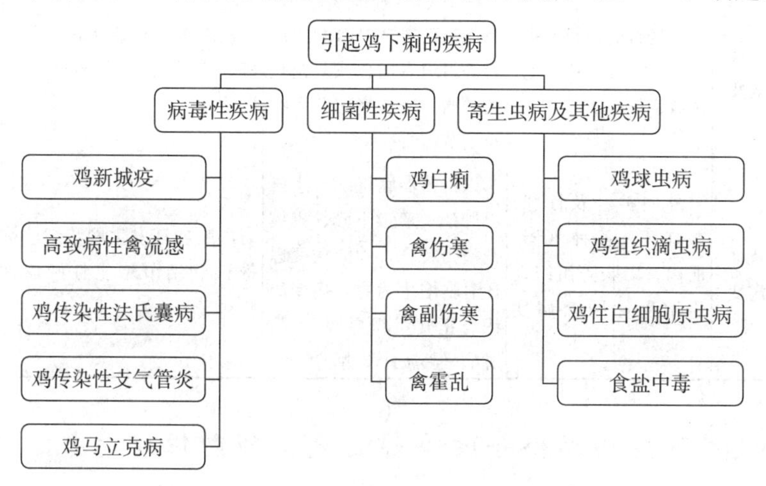

图 5－1　引起鸡下痢的主要疾病

130 哪些鸡病会导致肿瘤的发生？

鸡的肿瘤性疫病几乎在实行规模化养殖的国家都有发生，肿瘤性疫病一般都在1月龄以后才开始发生，发病初期死亡率并不高，只是导致鸡发育缓慢，增重减慢，是一种消耗性疾病。在饲养一定时期后机体表现营养消耗性死亡，并且死亡率高，没有有效的治疗药物，造成的经济损失极为严重。

一般常见的鸡肿瘤性疫病包括：马立克病、淋巴白血病、网状内皮增生症三种传染性肿瘤性疫病，三者的区别见表5-1。

表5-1 鸡肿瘤性疾病的区别

病名	马立克病	淋巴白血病	网状内皮增生症
病原	疱疹病毒科马立克病病毒	反转录病毒科禽白血病病毒	网状内皮增生症病毒
发病时间	最早发病可见于3～4周龄的鸡，一般在8～9周龄发病最严重	最早发病可见于3月龄的鸡，一般在4～10月龄发病最严重	最早发病可见于1月龄的鸡，一般在2～6月龄发病最严重
眼观病变	受侵害的神经增粗，呈黄白色或灰白色，横纹消失	肝脏、脾脏显著肿大，有的达正常的3～4倍，肝肾等组织有白色或灰白色的肿瘤，法氏囊切开后有小结节病灶	法氏囊、胸腺萎缩，肝脏、脾、腺胃等发生网状细胞肿瘤
特征病变	外周神经及性腺、眼虹膜、各种脏器、肌肉、皮肤等组织发生增生性肿瘤病变特征	以机体器官组织产生淋巴肿瘤、产蛋下降、机体消瘦为特征。肿瘤病变以B细胞增生为主，病变组织与正常组织界限明显，肿瘤呈膨胀性增生	内脏器官发生网状细胞弥散性和结节增生性肿瘤性疾病

131 哪些鸡病会导致鸡群的免疫抑制性疾病？

养鸡生产中由于免疫抑制病的存在，时常发生鸡生长受阻、疫苗免疫失败、多种疾病并发或继发感染的现象，导致大批鸡死亡或淘汰，造成巨大的经济损失。因此，广大养鸡场（户）需高度重视鸡群免疫抑制性疾病的危害。

造成鸡免疫抑制的原因和表现多种多样，通常可将其分为两大类，即原发性免疫抑制和继发性免疫抑制。继发性免疫抑制也称继发性免疫缺陷，这类免疫抑制多是在出生后不同时期，由于各种不当的饲养管理或不同的传染性因子感染后继发引起。对于规模化生产的养鸡场来说，由传染性因子引起的继发性免疫抑制是最重要的一类免疫抑制，其发生的普遍性远大于原发性免疫抑制和其他继发性免疫抑制，对规模化养鸡生产影响最大。导致鸡群免疫抑制性疾病的病因见表5-2。

表5-2　鸡免疫抑制性疾病的病因

病　因	区　别
药物	临床上具有免疫抑制作用的化学药物、生物类制剂均能导致免疫抑制
营养缺乏	营养不良可能影响细胞免疫、抗体水平、吞噬细胞活性、补体活性及细胞因子的产生
霉菌毒素	饲喂已发生霉变的食粮
传染性因子	网状内皮增生病病毒 马立克病病毒 白血病病毒 鸡传染性贫血病毒 呼肠孤病毒 传染性法氏囊病病毒

132 哪些鸡病可导致鸡群运动失调？

在现代养鸡业中，鸡群因腿脚病引起运动失调的发生率不断增加，已成为困扰养鸡业的一个不容忽视的难题。由于对该征候群缺乏足够的认识和了解，往往不予重视，极易引起误诊、错治，造成不必要的经济损失。现将导致鸡运动失调的疾病归纳为图 5-2。

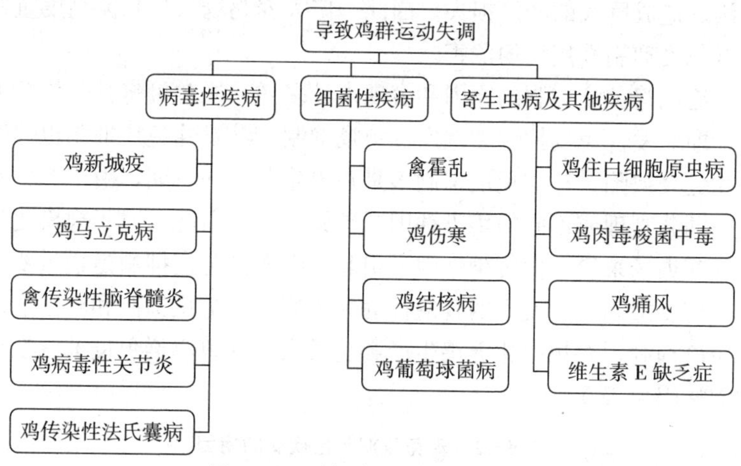

图 5-2　引起鸡运动失调的疾病

133 哪些鸡病可表现呼吸道症状？

鸡的呼吸道症状不是一种病，而是鸡病的征候表现之一，在鸡的疾病中呼吸道问题较为多见，该症状可以成为诊断某种疾病的提示。现就鸡表现呼吸道症状的疾病作一介绍。临床上能引起鸡的呼吸道症状的疾病见表 5-3。

表 5-3　引起鸡呼吸道症状的疾病及区别

病因	疫病名	主要临床症状及剖检病变
病毒	新城疫	腺胃乳头出血，胃肠道出血性、卡他性炎症，卵黄蒂前后的溃疡变化等
	禽流感	非典型禽流感的生殖系统炎症，轻微的呼吸道症状，产蛋率大幅度下降等
	鸡痘	典型疱疹变化
	传染性支气管炎	产软壳蛋和畸形蛋，支气管炎症，气囊壁增厚和混浊
	传染性喉气管炎	坐式呼吸，喉头和气管的上 1/3 出血等

（续）

病因	疫病名	主要临床症状及剖检病变
细菌	传染性鼻炎	主要表现为前期鼻孔黏液，颜面部肿胀；严重时鼻窦、眶下窦和眼结膜囊内有干酪样物
	鸡霍乱	有绿色稀便，鸡冠变紫，肉垂肿胀，肝肿大，表面上有条纹状灰白色坏死灶
	鸡大肠杆菌病	有气囊炎、眼炎、肝周炎、心包炎、大肠杆菌性肉芽肿等，肝肿大，肝脏有针尖样白色坏死灶
寄生虫	鸡隐孢子虫病	气管黏膜高低不平，黏液内可检出虫体
	住白细胞原虫病	咳血，排绿色或血样稀便
支原体	鸡败血支原体病	上呼吸道及临近窦黏膜发炎肿胀，流眼泪，气囊膜轻度混浊，增厚，水肿，有灰白色增生性结节，有时呈念珠状
真菌	曲霉菌病	在气囊上可见特殊形态的霉斑
营养	维生素 A 缺乏症	气管黏膜角质化，同时可见眼部及其他部位的变化
中毒	一氧化碳中毒	因通风不良的环境引起，血色鲜红等

134 哪些鸡病可表现神经症状？

病鸡出现震颤、瘫痪、扭颈等神经症状的原因较多，大致可归为三类：病毒侵害、细菌感染、维生素缺乏。此外，也可见某些中毒病及钙磷代谢障碍、机械性损伤等。具体见表 5-4。

表 5-4　引起鸡神经症状的疾病

病　名	病因	症　状	区　别
鸡新城疫（肺脑型）	病毒侵害	四肢进行性麻痹，共济失调；因肌肉痉挛和震颤，常引起转圈运动	有呼吸道症状，剖检见十二指肠淋巴结肿胀、出血、溃疡；腺胃乳头顶端出血或溃疡；各年龄段均可发病

（续）

病　　名	病因	症　　状	区　　别
马立克病	病毒侵害	轻者运动失调，步态异常，重者瘫痪，呈“劈叉”姿势	特征性“劈叉”姿势；剖检见腰荐神经丛、臂神经丛、坐骨神经均呈单侧肿粗，色灰白或淡黄，多发于青年鸡
鸡传染性脑脊髓炎		共济失调，走路前后摇晃，步态不稳，或以跗关节和翅膀支撑前行	头颈部震颤，尤其在受惊或将鸡倒提起时，震颤加剧；剖检见脑水肿、充血，但无出血现象，胃肌层内有细小的灰白色病变区；多发于3周龄以内的雏鸡
大肠杆菌病（脑炎型）	细菌感染	垂头，昏睡状，有的鸡有歪头、斜颈、共济失调、抽搐症状	脑膜充血、出血，小脑脑膜及实质有许多针尖大出血点
肉毒中毒	中毒病及缺乏症	腿、翅、颈部肌肉麻痹，两腿无力，步态不稳；重者瘫痪	呼吸急促，“软颈病”，两眼深睡状，由饲料中含有变质的动物性蛋白饲料所致
食盐中毒		高度兴奋，奔跑；重者倒地仰卧、抽搐	渴欲极强，严重腹泻；剖检脑膜充血水肿、出血
叶酸缺乏症		颈部肌肉麻痹，抬头向前平伸，喙着地	“软颈”症状与肉毒中毒相似，但病鸡精神尚好，胫骨短粗，有时可见“滑腱症”；一般不易出现叶酸缺乏症
维生素B_1缺乏症		多发性神经炎，消化不良；病鸡起初趾的屈肌发生麻痹，进而腿、翅、颈的伸肌发生痉挛，头向背后极度弯曲，瘫痪，倒地不起	呈特征性的“观星”症状；剖检可见胃、肠道萎缩，右心扩张、松弛；雏鸡多为突然发生，成年鸡发病缓慢
维生素E、硒缺乏症（脑软化症）		头颈弯曲挛缩，无方向性特性，有时出现角弓反张，两腿痉挛抽搐，走路不稳或瘫痪	脑充血、水肿，有散在出血点，以小脑尤为明显；大脑后半球有液化灶；脑实质严重软化，呈粥样，肌肉苍白；多发于雏鸡
维生素B_6缺乏症		雏鸡异常兴奋，盲目奔跑，运动失控，或腿软、翅下垂，以胸着地，痉挛	长骨短粗，眼睑水肿，肌胃糜烂；产蛋鸡卵巢、输卵管、肉垂退化

135 鸡常见中毒病有哪些症状？

鸡的中毒性疾病比较常见的有食盐中毒、药品中毒和变质伪劣饲料中毒等。了解鸡常见中毒病的病因及其症状，将有助于养殖场（户）在饲养管理过程中预防中毒的发生或减少中毒病造成的损失。鸡常见中毒病的临床症状见表5-5。

表5-5 鸡常见中毒性疾病的症状

中毒原因	症　状
一氧化碳中毒	黏膜发红，昏睡，呼吸困难，步态不稳，死前痉挛，抽搐，窒息
氨中毒	精神沉郁，食欲不振或废绝，喜饮水，鸡冠发紫，口腔黏膜充血，流泪，结膜充血，部分病鸡眼睑水肿或角膜混浊，表现伸颈张口呼吸，临死前出现抽搐或麻痹；中毒病鸡多位于鸡笼上层，而且距门窗越远，鸡的死亡率越高
食盐中毒	口渴，不安，先兴奋后抑制，脚无力，瘫痪，虚脱
亚硝酸盐中毒	黏膜发紫，流涎，震颤，站立不稳，抽搐，呼吸困难，窒息
马杜霉素中毒	食欲减退，饮欲增强，腿部麻痹，软脚蹲伏，驱赶时靠张开两翅着地行走，严重者瘫痪在地，触摸关节无异常变化；病鸡拉稀，粪便带有黄白色或绿色，后期饮食欲废绝，脚干，昏睡，迅速脱水，消瘦，部分鸡只有咳嗽、喷嚏等呼吸道疾病症状
氟中毒	食欲减退，消瘦，排稀粪，喙软，爪干燥，腿部无力，喜静卧，关节肿大，僵直，步态不稳，运动障碍，软脚，以跗关节着地俯卧，或两腿呈“八”字形外翻，严重者跛行或瘫痪，个别鸡头打颤，有的因腹泻、痉挛、衰竭而死
呋喃类药物中毒	肾脏肿大、花白，口腔、胃肠内容物黄染，兴奋，转圈，尖叫，抽搐，角弓反张，共济失调

136 鸡肝脏病变主要见于哪些疾病？

肝脏质软而脆，因为有丰富的血管供应，呈棕红色。肝脏是鸡体内最大的腺体，也是最大的解毒器官。它在机体的胆汁生成、凝血、免疫、热量产生及水与电解质的调节中起着非常重要的作用。同时，肝脏也是非常重要的屏障机构，易受各种致病因素的侵害而发生损伤。不同的致病因素引起不同的肝脏病变，因此不同的肝脏病变具有特异的示诊作用。引起肝脏发生病变的常见疾病见表 5－6。

表 5－6　引起鸡肝脏病变的疾病

病变性质	病　　名	病变区别
肝脏肿大	巴氏杆菌病	肝脏质脆易碎，被膜下及切面上有许多针尖至粟米大小的灰白色坏死灶
肝脏坏死	组织滴虫病	肝脏表面形成一种淡黄色或淡绿色、圆形或不规则形、稍有凹陷的坏死病灶，这种变化其他疾病见不到；盲肠形成干酪样栓子的特征，其切面呈同心层状，中心是凝固的血块，外面包裹着灰白色或淡黄色的渗出物和坏死物质；有些病鸡头部皮肤变成蓝紫色或黑色，故又称黑头病
	巴氏杆菌病	急性病例肝有数量不一的针头大小的灰白色坏死灶，坏死灶一般分布较密；心血或肝、脾涂片可发现两极染色杆菌
	结核病	肝脏有结核结节者可达70%，结核结节外包结缔组织，比较致密，中心干酪样坏死，坏死物呈豆腐渣样，结节镜检显示结核结节的特殊结构，并可分离培养出结核杆菌，结核结节亦见于脾、肺和肠道浆膜；病鸡死亡有时是由于肝脾破裂出血致死
	单核细胞增多症	肝脏充血或脂肪变性，肝脏上均匀分布着一些 1 毫米的圆形黄色病灶，中心有出血点；胰脏呈白垩状，实质中有白色坏死小点；肾肿大苍白
肝脏脂肪变性	脂肪肝出血症	多见于蛋鸡或种鸡，以肥胖鸡、炎热的季节、饲料偏碱性、胆碱缺乏、生物素缺乏时较易发生，病鸡常突然死亡，在炎热季节大多死于下午或晚上；剖检见肝包膜下有出血点或血泡，严重时肝破裂，腹腔内充满血水或凝血块；少数耐过的病例，鸡冠苍白、萎缩
	传染性法氏囊病	肝脏呈土黄色，肾脏肿大呈花斑肾，胸肌腿肌出血，法氏囊浆膜下胶冻样浸润或出血或内有干酪样物质
	鸡白痢	肝脏有小点出血和坏死结节，此类结节可见于心肌、肺、肌胃和肠壁，结节一般较小，土黄色，并见有砖红色条纹，胆囊扩张，脾脏肿大；雏鸡在 2 周龄时本病发病率与死亡率最高；临床以排白色稀薄粪便为主要特征

（续）

病变性质	病　名	病变区别
肝脏硬化	腹水综合征	肝硬化，腹腔内有枯黄色液体，有时在液体中漂浮着纤维蛋白；主要发生于肉鸡
	黄曲霉毒素中毒	急性中毒时肝脏肿大，色泽苍白；慢性中毒时，肝常硬化，有白色针尖状或结节状病灶，质硬
	痢特灵中毒	肝肿大、出血，心脏有点状出血，消化道内有黄色内容物；病鸡初期精神委顿，后期兴奋、运动失调、两腿抽搐、倒地转圈、无目的飞跑
肝脏肿瘤	马立克病	肝脏因布满弥漫性结节性肿瘤而明显肿大，有时达正常体积的几倍；肿瘤组织呈浅灰色或灰白色，一般无坏死；马立克病主要发生于20周龄以下的鸡，死亡率一般为25%～30%
	淋巴细胞白血病	肝脏因肿瘤样组织呈弥漫性或结节性增生而极度肿大，被称为“巨肝症”，病理组织质地较松脆，并常有出血与坏死；发病鸡又一般在18周龄以上；慢性病程，死亡率低
	网状内皮增殖症	病鸡肝脾增大，有针尖大弥漫性浸润，脾增大可导致破裂；胆囊肿大是本病的特征
肝周炎	大肠杆菌病	肝包膜增厚，不透明呈黄白色，易剥脱，在肝表面形成的这种纤维素性膜有的呈局部发生，严重的整个肝表面被此膜包裹，此膜剥脱后肝呈紫褐色
肝脏出血	热应激等	因热应激、猛烈追逐、公鸡间格斗及机械性损伤引起，仅个别发病，死亡极快；剖检时可见腹腔内有大量凝血块，肝组织有新鲜裂创，其他脏器未发现异常
	禽流感	肝瘀血、肿大，有白色点状坏死灶，产蛋迅速下降，死亡率较高，头部肿胀，胫部鳞下有出血点，腹腔内充满卵黄液，输卵管内有脓样分泌物
	包涵体肝炎	肝肿大、褪色、质脆、脂肪变性，有点状或斑状出血；突然死亡，大多数发生于3～7周龄，集中于5周龄；病程持续7～10天后突然停止；包涵体只在肝脏内形成

137 鸡消化道病变主要见于哪些疾病?

鸡消化系统包括口腔、食管、胃（肌胃和腺胃）、肠（十二指肠、空肠、回肠、盲肠和直肠）。消化道功能的正常对养鸡生产效益的提高具有重要的经济意义。许多疾病会引起鸡消化道发生病变，见表5-7。

表5-7　引起鸡消化道发生病变的疾病

病　名	病变特征	区　别
维生素A缺乏症	食管、嗉囊后散在小结节	瞬膜角化，肾尿酸盐沉着
马立克病	腺胃壁肥厚、坚硬	末梢神经肿胀，内脏器官有肿瘤
新城疫	腺胃黏膜乳头出血，直肠呈条纹状、点状出血	传播迅速、死亡率高，肌胃和腺胃交界处有出血点，肝脏有坏死点，十二指肠出血
传染性法氏囊病	腺胃、肌胃连接处出血	法氏囊水肿、出血，肾有尿酸盐沉着
雏鸡白痢	胃肠黏膜面散在白色隆起	1～3周龄雏鸡多见，肝肿大，有白色坏死点
鸡白血病	胃肠黏膜面散在白色隆起	2～8月龄雏鸡多见，肝、脾、肾、卵巢、心、胃、肌肉等出现白色肿瘤
球虫病	小肠、盲肠出血，充满血液	盲肠内有血液块及坏死渗出物，小肠有出血；排血便或红棕色稀便
黑头病	盲肠黏膜溃疡	盲肠肥大，内有白色豆腐渣样物质，肝表面有菜花样坏死灶

138 鸡皮肤损害性疾病主要有哪些?

皮肤是鸡体的外在天然屏障，许多疾病的入侵均能引起皮肤发生异常变化。如皮肤上有蓝紫色斑块，多见于维生素E和硒缺乏、葡萄球菌感染、坏疽性皮炎等。皮肤上有痘痂、痘斑，主要见于鸡痘。若皮肤粗糙、眼角嘴角有痂皮，多见于泛酸或生物素缺乏或体外寄生虫病。另外，剧烈活动等还可造成气囊破裂进而引起皮下气肿。生产中常见引起鸡皮肤损害性的疾病见表5-8。

表5-8 引起鸡皮肤损害性的疾病

病 名	病 因	病变特征
皮肤型鸡痘	病毒侵害	肉冠、肉髯等皮肤无毛处丘疹
皮肤型马立克病		皮肤出现大小不等的小肿瘤
葡萄球菌病	细菌感染	皮肤溃烂
绿脓杆菌病		膝脓肿、皮下水肿，白色或红色稀便，脑膜水肿增厚
维生素E缺乏合并硒不足	缺乏症	渗出性素质
生物素缺乏		眼睛周围、喙底和趾爪的皮肤发炎和结痂

139 鸡气囊病变主要见于哪些疾病？

气囊是禽类特有的器官，具有减轻体重、调整重心位置、调节体温、共鸣等多种功能。禽类呼吸系统中，“上呼吸道—肺脏—气囊—骨骼”相互连通的结构特点，使机体形成一个半开放的系统，空气中病原微生物，很容易通过上呼吸道造成全身感染，也是气囊炎高发的重要原因。养鸡生产中易引起气囊病变的疾病见表5-9。

表5-9 引起鸡气囊病变的疾病

病 名	相似点	区别点
鸡白痢	肺上有大小不等黄白色坏死结节	多发于1周龄以内的雏鸡；排白色糊状粪，心脏和肝脏也有坏死结节
鸡慢性呼吸道病	气囊混浊、增厚，囊腔内有黄色干酪样物质	多发生于1～2月龄的幼鸡，呼吸困难，眶下窦肿胀；心脏和肝脏无病变
鸡结核病	气囊有黄白色的结核结节	肝、脾、肠和骨髓等不规则的灰黄色或灰白色的大小结节
鸡曲霉菌病	肺和气囊上有灰黄色、大小不等的坏死结节	多发生于雏鸡；病鸡呼吸困难；胸壁上也有坏死结节，柔软而有弹性，内容物呈干酪样；见有霉菌斑

140 鸡肾脏尿酸盐沉着主要见于哪些疾病?

鸡尿中尿酸盐浓度高，尿不在体内蓄积，从肾脏中直接以灰白色半流体状的形态被排出体外。因而，鸡比其他动物更容易发生肾脏代谢障碍，当肾脏或尿管发生障碍时，导致血液中尿酸盐浓度增高，在肾脏等浆膜面易发生尿酸盐沉着，养鸡生产中易引起鸡肾脏尿酸盐沉着的疾病见表 5-10。

表 5-10 引起鸡肾脏尿酸盐沉着的疾病

病　名	病　因	区　别
传染性法氏囊病	病毒侵害	法氏囊水肿、肿大、出血
传染性支气管炎		伴有呼吸道症状，产蛋率下降
内脏型痛风	代谢失调	心、肝表面也有尿酸盐沉积
维生素 A 缺乏症		有时在心、肝、脾表面也有尿酸盐沉着
钙磷比例失调		有时在心、肝、脾表面也有尿酸盐沉着
食盐中毒	中毒	呈肾炎病变
黄曲霉毒素中毒		肾出血性病变明显（慢性）或肾脏苍白、肿大、质地变脆（急性）

1 商品蛋鸡免疫程序

商品蛋鸡主要疫病的免疫程序

日龄	防治疫病	疫　苗	接种方法	备　注
1	马立克病	HVT 或“841”或 HVT“841”二价苗	颈部皮下注射	在出雏室进行
7～10	新城疫、传染性支气管炎	新城疫和传染性支气管炎 H_{120}二联苗	滴鼻、点眼	根据监测结果确定首免日龄
10～14	马立克病二免	疫苗同1日龄	颈部皮下注射	用量加倍
	传染性法氏囊病	传染性法氏囊双价疫苗	饮水	
20～24	鸡痘	鸡痘弱毒疫苗	翅下刺种	疫区使用
	传染性喉气管炎	传染性喉气管炎弱毒疫苗	饮水与点眼	
25～30	新城疫、传染性支气管炎	新城疫和传染性支气管炎 H_{52}二联苗	饮水或肌肉、皮下注射	用量加倍
	传染性法氏囊病	传染性法氏囊病双价疫苗	饮水	

（续）

日龄	防治疫病	疫　苗	接种方法	备　注
50～60	传染性喉气管炎	弱毒苗	饮水	疫区使用
70～90	新城疫	克隆30或Ⅳ系	喷雾或饮水	若抗体水平不低可省去此次免疫
110～120	新城疫	新城疫油苗	肌内或皮下注射	
	传染性支气管炎	传染性支气管炎 H_{52} 疫苗	饮水	
	产蛋下降综合征	产蛋下降综合征油苗	肌内或皮下注射	
	鸡痘	鸡痘弱毒苗	翅下刺种	

2 肉仔鸡免疫程序

肉仔鸡主要疫病的免疫程序

日龄	防治疫病	疫　苗	接种方法	备　注
7～10	新城疫、传染性支气管炎	新城疫-传染性支气管炎 H_{120} 二联苗	滴鼻、点眼	滴鼻、点眼同时进行
14	传染性法氏囊病	传染性法氏囊病双价疫苗	滴口或饮水	饮水中放0.2%～0.3%脱脂奶粉
21	新城疫、传染性支气管炎	新城疫-传染性支气管炎 H_{52} 二联苗	饮水	用量加倍
28	传染性法氏囊病	传染性法氏囊病双价疫苗	饮水	用量加倍

参 考 文 献

曹国文 . 2007. 新禽病诊断与防治［M］. 北京：中国农业出版社 .
崔忠道 . 1996. 鸡鸭鹅饲养与疾病防治新技术［M］. 北京：中国农业出版社 .
丁永龙 . 2003. 新编禽病诊疗手册［M］. 北京：科技文献出版社 .
甘孟侯 . 1996. 禽病防治新技术［M］. 北京：中国林业出版社 .
郭万柱 . 1997. 禽病防治手册［M］. 成都：四川科学技术出版社 .
胡维华 . 2000. 鸡病防治手册［M］. 北京：中国农业出版社 .
单永利 . 2001. 现代肉鸡生产手册［M］. 北京：中国农业出版社 .
田夫林 . 2004. 鸡病防治技术问答［M］. 北京：中国农业大学出版社 .
王红宁 . 1996. 养禽与禽病防治新进展［M］. 北京：中国农业科技出版社 .
武道留 . 2008. 鸡病防治问答［M］. 北京：化学工业出版社 .
尹燕博 . 2004. 禽病手册［M］. 北京：中国农业出版社 .
余为一 . 1998. 鸡病防治技术问答［M］. 北京：中国农业出版社 .
藏为民 . 2008. 鸡病防治［M］. 郑州：中原农民出版社 .
张秀美 . 2005. 禽病防治完全手册［M］. 北京：中国农业出版社 .
郑增忍 . 2008. 鸡病诊断和防治关键技术问答［M］. 北京：中国林业出版社 .

图书在版编目（CIP）数据

鸡病防控140问／张素辉，周雪，许国洋主编．—北京：中国农业出版社，2020.1

（养殖致富攻略·疑难问题精解）

ISBN 978-7-109-25878-5

Ⅰ．①鸡…　Ⅱ．①张…　②周…　③许…　Ⅲ．①鸡病-防治-问题解答　Ⅳ．①S858.31-44

中国版本图书馆CIP数据核字（2019）第191534号

中国农业出版社出版

地址：北京市朝阳区麦子店街18号楼

邮编：100125

责任编辑：黄向阳　刘宗慧

版式设计：王　晨　　责任校对：刘丽香

印刷：中农印务有限公司

版次：2020年1月第1版

印次：2020年1月北京第1次印刷

发行：新华书店北京发行所

开本：880mm×1230mm　1/32

印张：5.5

插页：4

字数：140千字

定价：28.00元

彩图1　地面散放公鸡群

彩图2　地面散放母鸡群

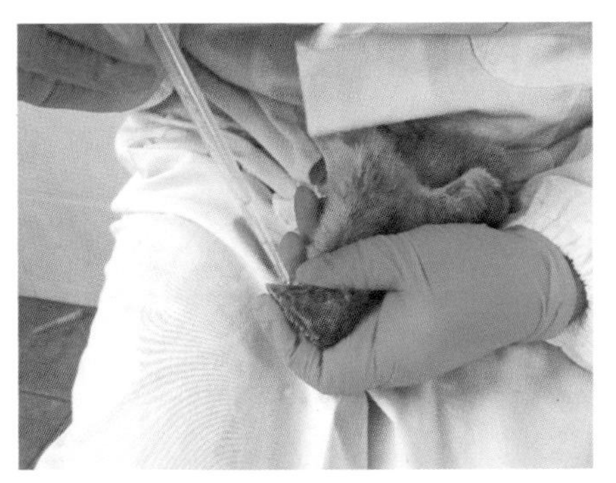

彩图3　滴鼻免疫

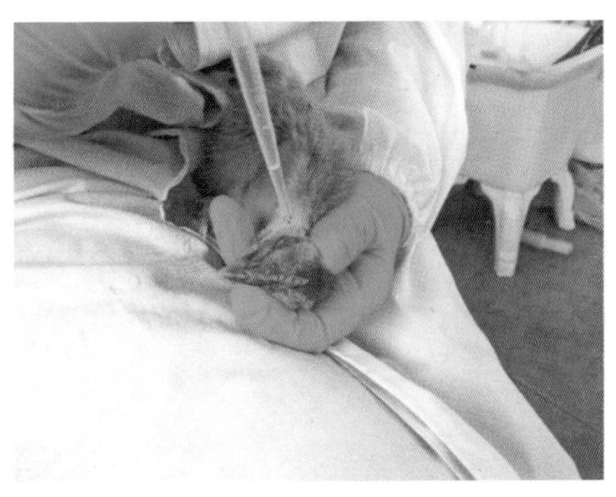

彩图4　点眼免疫

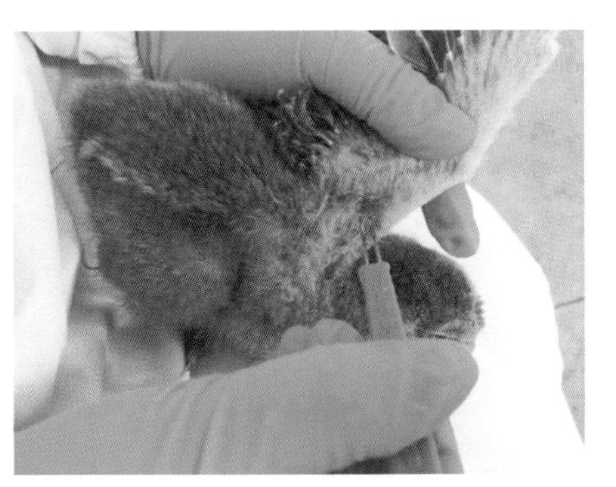

彩图5　刺种免疫

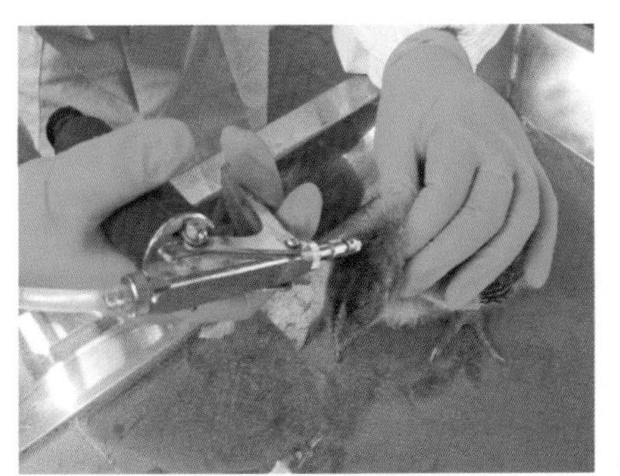

彩图6　注射免疫

彩图7　新城疫：鸡冠和肉髯呈暗红色或紫色

彩图8　新城疫：脾脏肿胀、出血

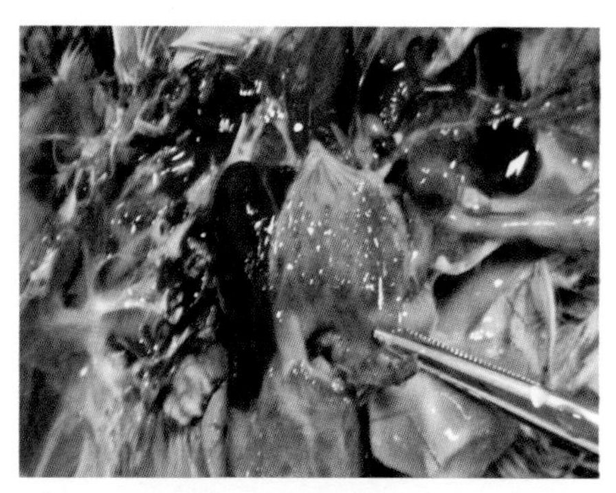

彩图9　新城疫：腺胃黏膜水肿，乳头间有鲜明出血点

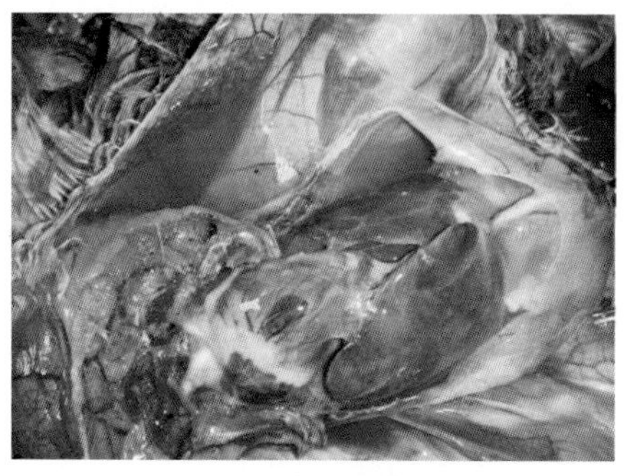

彩图10　新城疫：卵泡破裂引起卵黄性腹膜炎

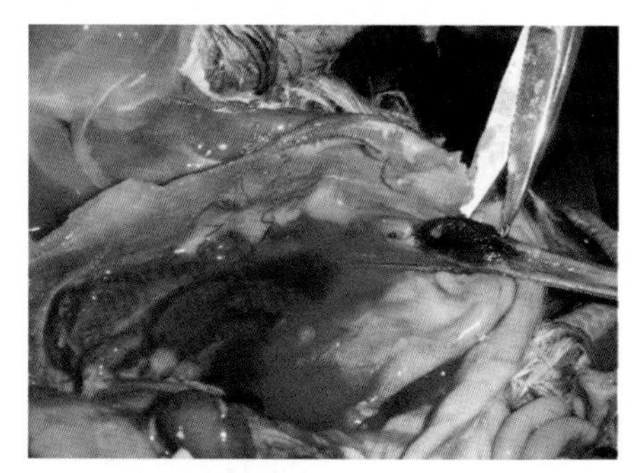

彩图11　新城疫：泄殖腔出血明显

彩图12　禽流感：鸡冠和肉髯有紫黑色血斑

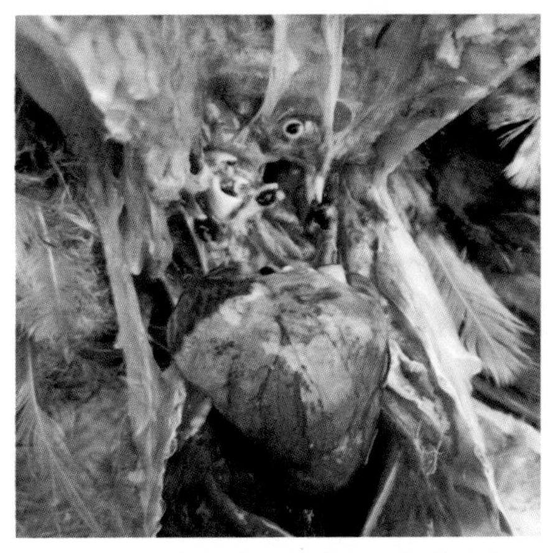

彩图13　禽流感：心脏表面点状出血

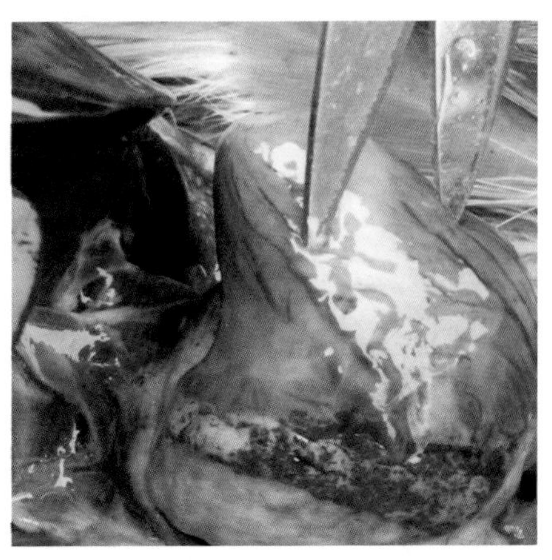

彩图14　禽流感：心肌肿胀，心肌冠状脂肪点状出血

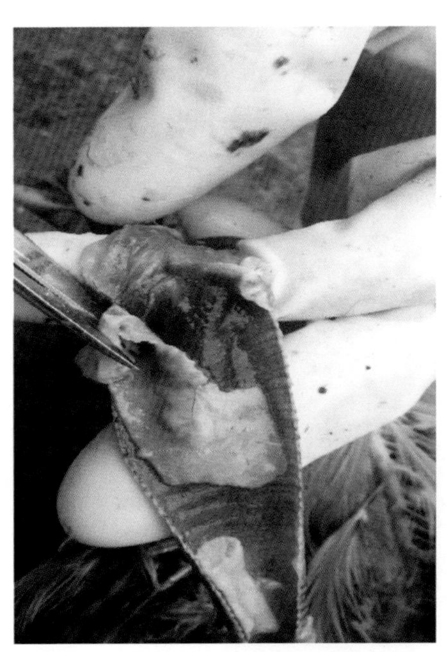

彩图15　禽流感：喉头出血，覆盖假膜

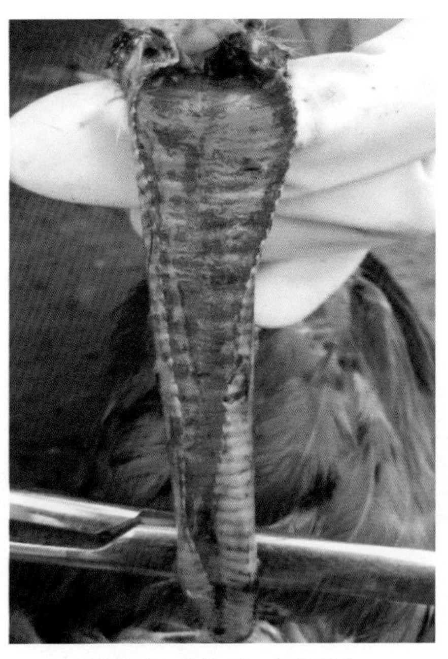

彩图16　禽流感：气管出血

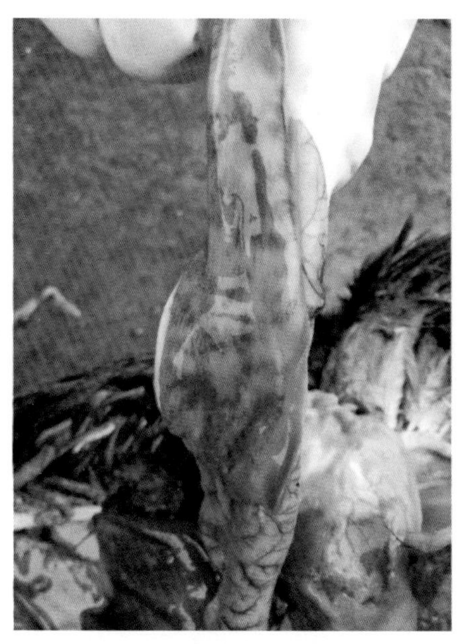

彩图17　禽流感：肠道出血

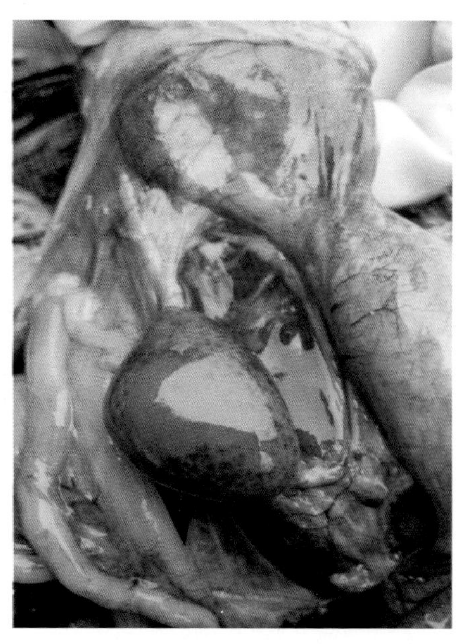

彩图18　禽流感：脾脏肿大、出血

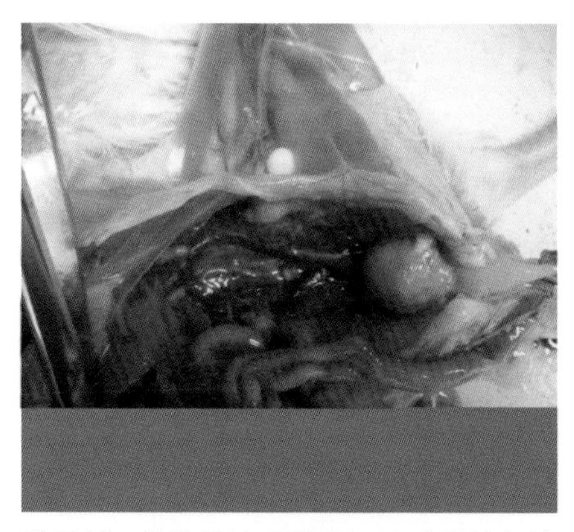

彩图19　传染性法氏囊病：法氏囊特征性水肿，变大变圆

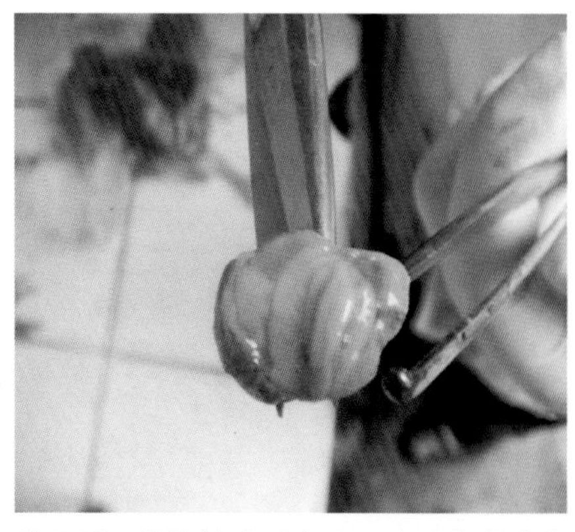

彩图20　传染性法氏囊病：法氏囊囊壁水肿、增厚

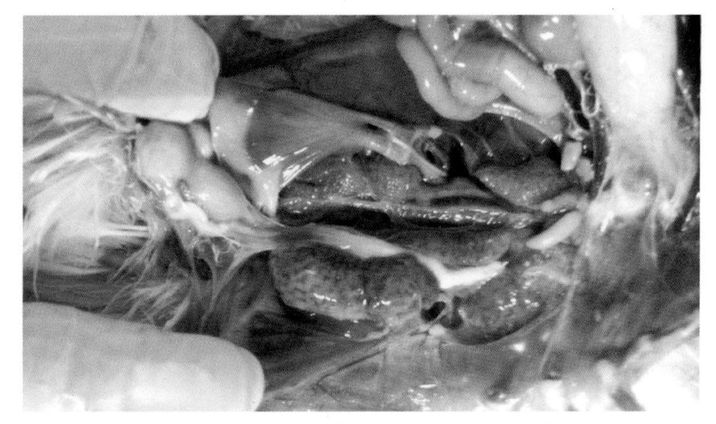

彩图21　传染性法氏囊病：肾脏肿胀，有尿酸盐沉积

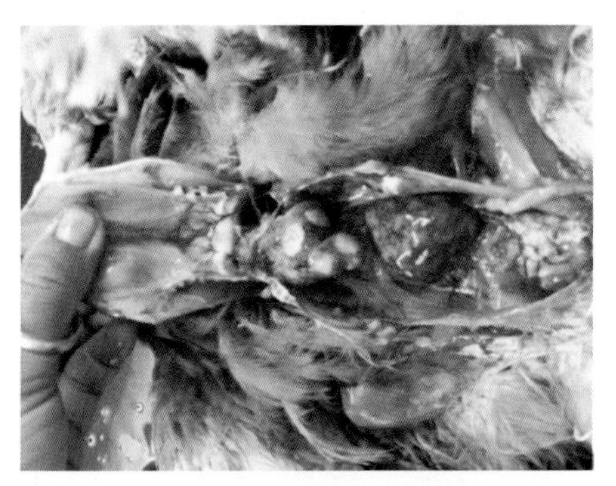

彩图22　马立克病：心脏肿瘤

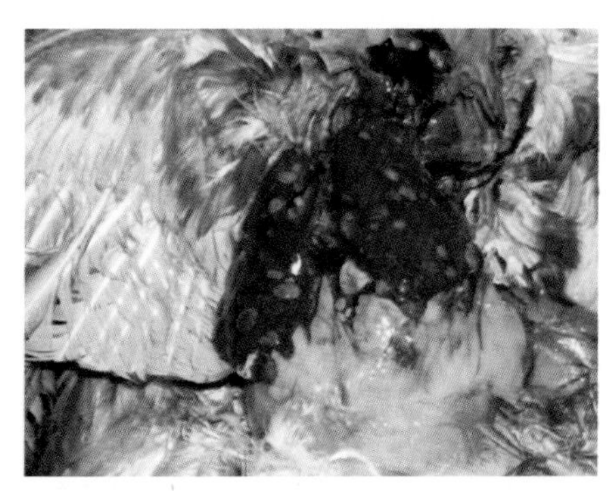

彩图23　马立克病：肝脏肿瘤

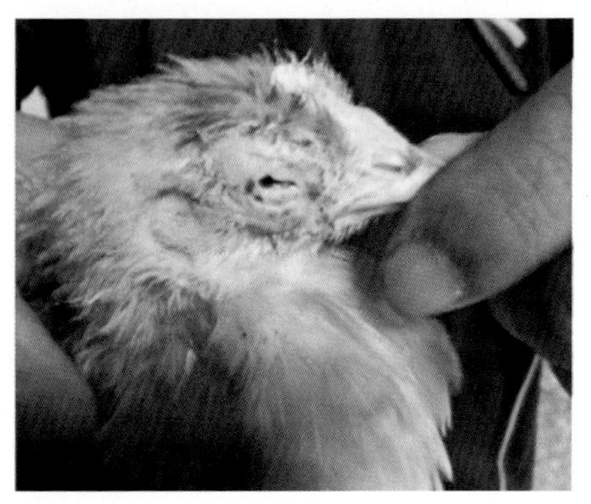

彩图24　鸡痘：眼结膜发炎，出现流泪症状

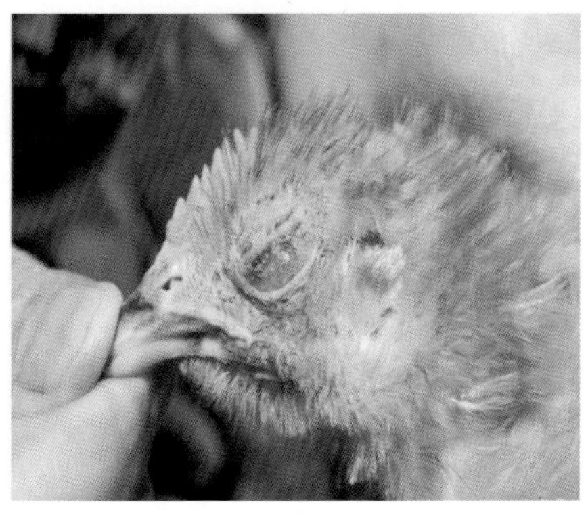

彩图25　鸡痘：眼睑被炎性物粘连而闭合

彩图26　鸡痘：眶下窦红肿，蓄积大量炎性物

彩图27　鸡白血病：冠髯苍白

彩图28　鸡白血病：心肌肿大，并有肿瘤结节

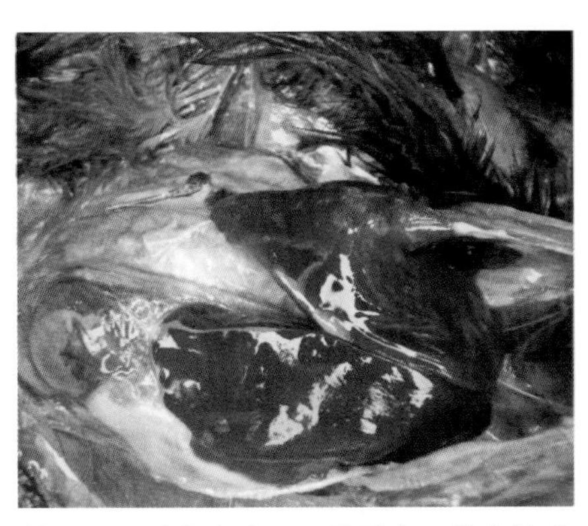

彩图29　鸡白血病：肝脏肿大，并有肿瘤结节

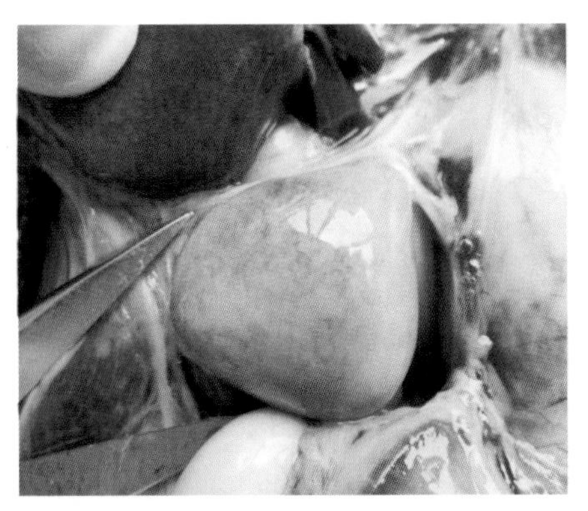

彩图30　鸡白血病：脾脏明显肿大

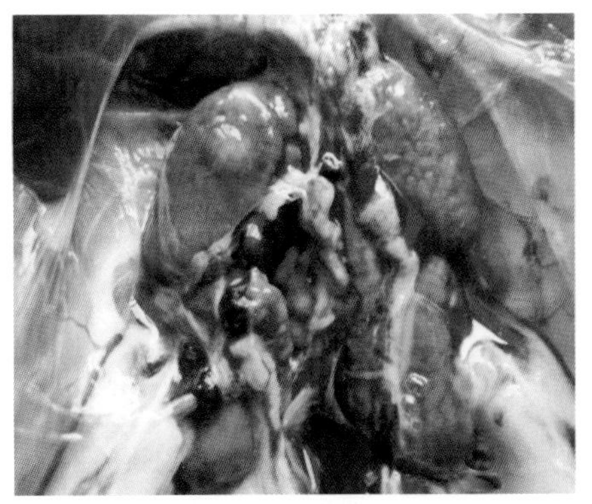

彩图31　鸡白血病：肾脏肿大，并有肿瘤结节

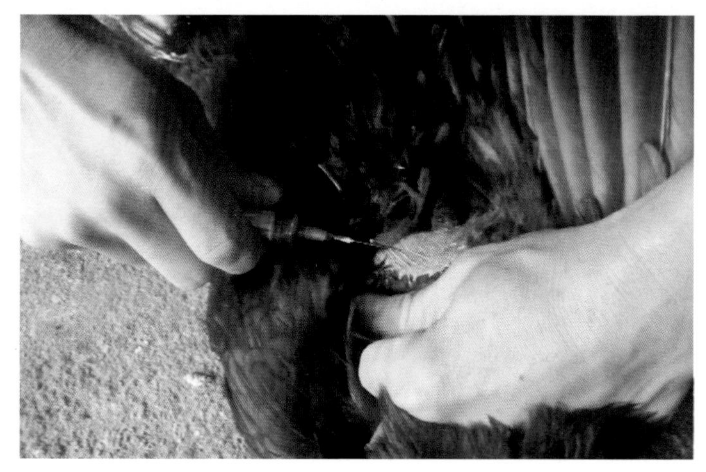

彩图32　翅静脉采血

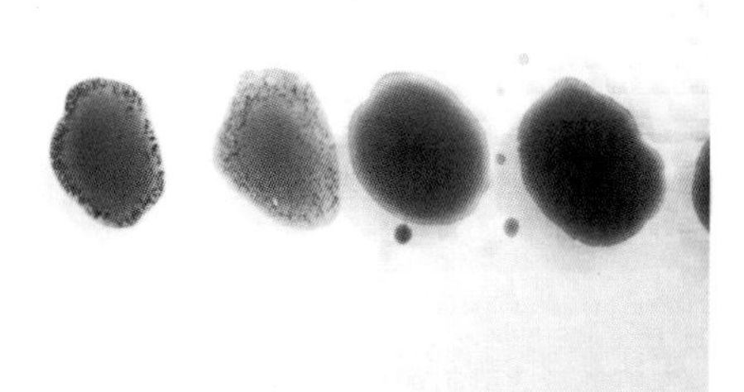

彩图33　玻片凝集试验：出现颗粒凝集的为阳性反应

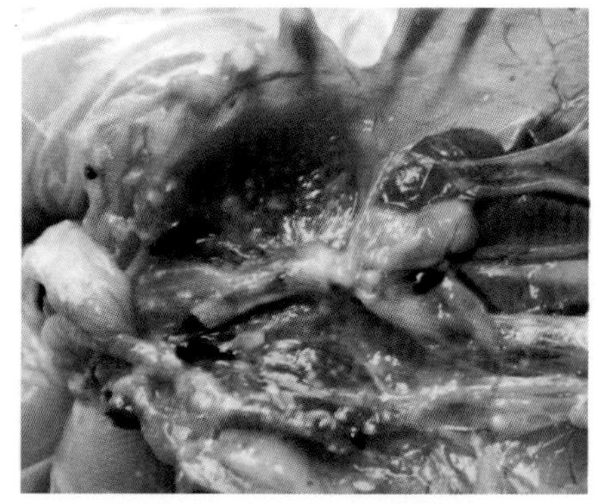

彩图34　鸡曲霉菌病：肺脏及胸腔散在针尖至小米粒大淡黄色结节

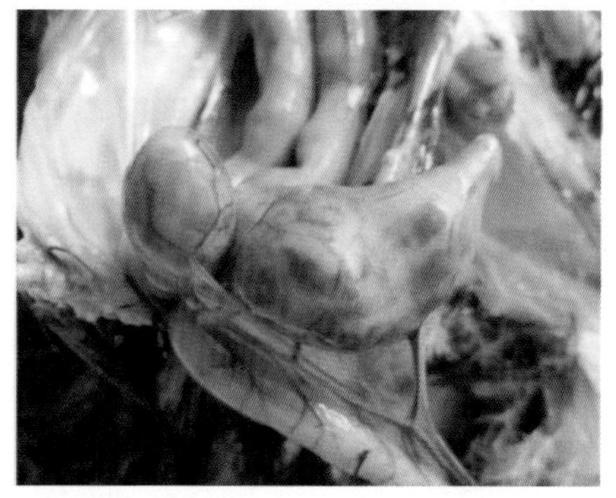

彩图35　鸡球虫病：盲肠明显增粗、变大

彩图36　鸡球虫病：盲肠严重糜烂、出血